莫高窟和月牙泉景区水环境

MOGAOKU HE YUEYAQUAN JINGQU SHUIHUANJING

张明泉　曾正中　王旭东　郭青林　著

兰州大学出版社
LANZHOU UNIVERSITY PRESS

图书在版编目（ＣＩＰ）数据

莫高窟和月牙泉景区水环境 / 张明泉等著. -- 兰州:
兰州大学出版社，2021.2
ISBN 978-7-311-05968-2

Ⅰ．①莫… Ⅱ．①张… Ⅲ．①旅游区－水环境－研究
－甘肃 Ⅳ．①X143

中国版本图书馆CIP数据核字(2021)第019341号

责任编辑　魏春玲　佟玉梅
封面设计　向明雪

书　　名　**莫高窟和月牙泉景区水环境**
作　　者　张明泉　曾正中　王旭东　郭青林　著
出版发行　兰州大学出版社　（地址:兰州市天水南路222号　730000）
电　　话　0931-8912613(总编办公室)　0931-8617156(营销中心)
　　　　　0931-8914298(读者服务部)
网　　址　http://press.lzu.edu.cn
电子信箱　press@lzu.edu.cn
印　　刷　陕西龙山海天艺术印务有限公司
开　　本　710 mm×1020 mm　1/16
印　　张　9
字　　数　91千
版　　次　2021年2月第1版
印　　次　2021年2月第1次印刷
书　　号　ISBN 978-7-311-05968-2
定　　价　68.00元

（图书若有破损、缺页、掉页可随时与本社联系）

前　言

当人们提到敦煌时，就必然想到莫高窟，也就必然与干旱、戈壁、沙漠联系在一起，而很少与水资源、水环境联系在一起。其实越是干旱的地区，人类社会的发展与水资源的关系越是密切，水的作用越显得重要。敦煌虽然属干旱或极度干旱区，且与戈壁、沙漠紧密联系在一起。但是这里也有河流、湖泊、湿地，为人们生存和发展提供了珍贵的水资源，为生物多样性创造了条件，为自然文化景区增添了独特的景观。

敦煌自然文化景区水环境的基本特征是地处极为干旱的内陆河流域，降水稀少，蒸发强烈，年均不足40 mm的降水主要集中在6～9月，且大多以暴雨形式出现，难以有效利用。敦煌自然文化景区的位置均在小型内陆河的谷地或泉水出露地带，景区的地表水在强烈的蒸发作用下呈现出独特的水化学特征，水体矿化度高，硬度大，偏碱性，微咸水较为普遍。景区处在流域源头和上游区，水循环速度比较快的地带，赋存有淡水资源，但水量有限。

敦煌的内陆河流域虽小，但流量变化幅度较大，尤其是暴雨引发的洪流可达多年平均流量的数百倍，甚至千倍以上。景区地下水随所在的流域部位不同表现出明显而复杂的变化特征，有河床地下潜流，有自然露头的清泉水流，也有下游潜水溢出地面的湿地碱滩。尽管敦煌自然文化遗产景区水量少、水质差、蒸发消耗大，水环境相当脆弱，但这些水体与自然文化遗产始终联系在一起。水源与自然遗产和文化遗产的形成、发展、演化乃至生命周期的全过程密切相关。水环境状况不仅决定了自然文化遗产的过去和现在，而且也决定着它们的未来。

本书收集整理了作者多年来对敦煌莫高窟、榆林窟、月牙泉景区水环境调查研究的成果，重点论述这几处景点的水环境特征和变化规律及其对文化景区的影响，其目的是了解景区水环境对文物保护、旅游开发的影响，趋利除害，利用好珍贵的水资源，消除水患，保护好文化遗产和自然遗产，保护好旅游景区环境，合理利用自然文化景观发展旅游业，促进敦煌社会经济健康、稳定的发展。

目　录

第一章　莫高窟景区水环境

莫高窟（图1-1）的发展历史与水资源水环境的演变密切相关。莫高窟依附的砾岩地层就是由窟前大泉河洪水沉积形成，莫高窟长约2.2 km的崖体是洪水冲刷而成的，壁画地仗层黏土也来源于大泉河岸边的静水沉积；历代僧侣生活用水和建造洞窟用水也取自大泉河。可以说，没有大泉河就没有莫高窟。

图1-1　莫高窟

1.1　莫高窟概况

莫高窟位于甘肃省敦煌市东南约25 km处。敦煌市地处河西走廊西端甘、青、新三省区交界地带，地理位置在东经92°13′～95°30′，北纬39°53′～41°35′之间。莫高窟海拔高度1320～1380 m，地貌位置属敦煌盆地南部边缘第四系沉积物与前震旦系石质山体的接触带，自然景观有三危山、鸣沙山、大泉河及微型绿洲。石窟开凿于三危山与鸣沙山之间的大泉河西岸崖壁上，形成了南北长约2.2 km的石窟群。

敦煌莫高窟是举世闻名的艺术宝库。自前秦建元二年（公元366年）开始建造，历经4世纪至14世纪各朝代续建，形成了规模宏大的石窟群。此后近1700年来莫高窟由于遭受风沙侵蚀、洪水冲刷、自然风化和社会战乱的影响，不少洞窟壁画、彩塑被毁损，遗存至今的洞窟有735个，其中有壁画、彩塑的洞窟492个，现存壁画总面积45000 m²，彩塑2400余身。

莫高窟洞窟的形制可分为三类，即供僧人坐禅修行、窟室较小的禅窟，供僧俗回旋巡礼和观像的塔庙窟，供信徒宣讲经义和进行供奉礼佛的大型殿堂洞窟。其中，最引人注目的是莫高窟壁画，它是一座博大精深的民族壁画艺术宝殿，内容包括七类：

（1）描写佛教崇拜的各种尊像画，即佛、菩萨、弟子、天王、乐伎、夜叉等佛教系统的诸神像。

（2）依据佛经而创作的故事画，主要有佛本生故事、因缘故事和佛传故事，大都体现佛教的因果报应思想。

（3）表现佛经内容的经变画，以此向信徒宣传教理、教义、教规。

（4）根据佛教史籍和传说而创作的佛教史迹画。

（5）反映中华民族传统神话题材的神怪画。

（6）记载出资建造洞窟的人及其家族成员的供养人画像。

（7）为提升或美化洞窟绘画整体艺术效果的装饰图案。

莫高窟壁画内容丰富，艺术表现形式高超，它不仅是一部形象化的人类发展史，而且还是反映宗教文化和绘画艺术发展的史册。更为让世界震惊、世人瞩目的是莫高窟藏经洞的发现。公元1900年（清光绪二十六年5月26日），居住在莫高窟的道士王圆箓在清理洞窟流沙时，在编号16窟的甬道北壁发现了藏经洞，内藏上讫三国两晋、下讫北宋的佛教典籍和其他文书约4.5万件，还有大量的器物和绢画等珍贵文物。由于当时清政府昏庸腐败，再加上帝国主义列强的侵略，藏经洞发现的遗书、绢画遭受掠夺式盗窃。现在，敦煌藏经洞的遗书被分散在英国、法国、俄国等国家博物馆收藏。我国的北京图书馆、敦煌研究院、敦煌市博物馆也有部分敦煌藏经洞的遗书收藏。这种分散式的收藏虽然对我国文物的收藏和保存利用是一大损失，给系统研究敦煌文化带来不便，但是却也引起了许多国家文物爱好者的极大兴趣和学术界的高度关注，由此在世界上诞生了一门新的学科——敦煌学。

莫高窟是敦煌学的发源地，是融合中西方历史文化的世界艺术瑰宝，其内容博大精深，具有珍贵的历史、科技、艺术价值。莫高窟为研究中国古代政治、经济、文化、军事、宗教、社会生活、民族关系、中外友好往来提供了珍贵的资料。1961年，莫高窟被国务院公布为全国重点文物保护单位；1987年，莫高窟入选联合国教科文组织世界文化遗产名录，成为世界组织关注的石窟文物保护区，也成为国际文化旅游胜地。

1.2 莫高窟景区水环境

1.2.1 降水

莫高窟气象水文监测始于20世纪60年代，当时采用简易的人工监测方法，仅仅延续四年就间断了。到了1990年，随着人们对石窟文物保护意识的逐步提高，对文物本体保护技术和存在环境研究的不断深化，敦煌研究院在莫高窟建立了现代化的自动气象监测站，对石窟文物保护环境开始了较为全面的监测，为石窟文物病害成因和治理研究积累了重要的基础资料。

据1962—1965年莫高窟简易气象站观测资料统计，窟区年降水量为23.23 mm。据1990年建站的莫高窟九层楼窟顶气象站监测数据统计，莫高窟窟区多年平均降水量为36.45 mm，窟区蒸发力全年平均为4347.9 mm。蒸发力大约是降水量的119倍。窟区空气相对湿度一般在24%～40%，属极端干旱区。正是由于气候干旱、降水稀少的原因，决定了区域水资源贫乏、荒漠分布广泛的自然景观。

通过分析莫高窟气象站监测的降水资料，可以得出当地降水具有年内变化大，分配极不均匀的特征（图1-2），且主要集中在3～10月，占全年总量的97.3%。其中，以6～8月为显著高峰，占全年总量的66%。7月降水最多，占全年降水总量的32.0%，6月降水占全年降水总量的17.4%，8月降水占全年降水总量的16.7%，2月和11月最少，降水分别占全年降水总量的0.5%和0.6%。从季节上来看，夏季降水最多，占全年降水总量的66%；冬季降水最少，只占全年降水总量的2.1%；春季占全年降水总量的17.4%；秋季占全年降水总量的14.4%。造成该区域降水量年内不均匀分配的原因主要是气象因素，在冬春时节，区域主要受西伯利亚——蒙古冷高压控制，导致温度低，晴日多，降水量少；而在夏季，该区域主要受太平洋暖湿气团影响，具有温度高，湿度和降水量较大的特点。这种年降水变率大，季节分配极不均匀的现象反映了典型的沙漠气候特征。

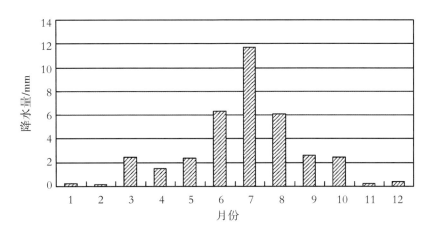

图1-2　莫高窟多年月均降水量分布（1990—2004年）

通常降水的分配有蒸发、入渗和地表径流三种形式，然而这种分配的效果又与当地的气候和下垫面因素密切相关。由于莫高窟区域的年均蒸发力高达4347.9 mm，是年均降水量的119倍，所以降水大部分消耗于蒸发、蒸腾，仅有少部分降水产生径流和入渗。再从降水年内分布来看，窟区年降水量主要集中在6～8月，而月降水量又主要集中在1～2 d内，并且以阵雨或暴雨形式出现，这部分集中式的降水往往形成洪水，使其难于利用。同时，在强烈的蒸发作用下，降水后的洼地积水和地表砂土层中吸收的水量，在2～3 d内蒸发耗尽。因此，本地区降水补给地下水的量很少。由此可见，莫高窟地区贫乏的降水资源仅对天然旱生植物有利用价值，人工难以利用。强烈的蒸发作用是该区降水资源难以得到有效利用的最大障碍，也是莫高窟窟区气候的主要特征之一。

莫高窟所处敦煌盆地南部边缘的地貌位置决定了地形起伏变化较大，加上大泉河出山口形成的侵蚀占优势的河谷地貌，使得主导风向与河道大体平行。据气象资料统计，莫高窟年平均风速为3.5 m/s，主导风向为南风、偏南风，占47.9%；其次是西北风，占28.1%，东北风，占14.8%（图1-3）。该地区偏南风多而风力较弱，偏西风少而风力较强。偏西风是造成洞窟前积沙危害的主要原因。

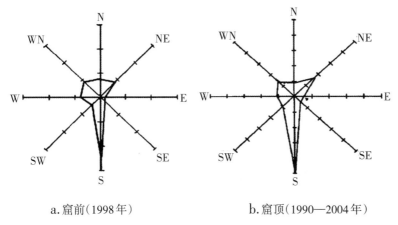

a.窟前（1998年）　　　　　b.窟顶（1990—2004年）

图1-3　莫高窟区多年风向玫瑰图

1.2.2　地表水——大泉河

　　莫高窟区域内唯一的地表河流是大泉河（西水沟，图1-4）。这条河流与莫高窟有着密不可分的联系，因为发源于祁连山的大泉河冲出三危山后流速变缓，携带的泥沙沉积形成冲洪积扇，产生了既不坚硬又不松散的莫高窟洞窟地层；也正是大泉河的再次冲刷，造就了莫高窟长约2200 m、高约30 m的莫高窟崖体，并且大泉河在岸边静水沉积的澄板土，为莫高窟地仗层提供了黏土原料。同时，大泉河也为开凿洞窟的历代僧侣提供了生活水源，不断涓流的大泉河水养育了莫高窟前的微型绿洲，毫不夸张地说，大泉河是莫高窟形成和发展的源泉，没有大泉河就没有莫高窟。

　　大泉河流域南起肃北蒙古族自治县境内的祁连山分支——野马山，北至敦煌绿洲东南边缘，地理位置为东经94°37′～95°16′，北纬39°34′～40°04′之间，东与榆林河（踏实河）流域相接，西邻党河流域。大泉河自野马山源区形成，由南向北穿越一百四戈壁，在切穿河西走廊中部的三危山（火焰山）经莫高窟区进入敦煌盆地，流域面积1114.6 km²，从源头野马山至敦煌盆地，大泉河流域主河道长约64 km，流域形态系数0.27。

图1-4　莫高窟前的大泉河

通常人们所说的大泉河，不包括源区野马山和一百四戈壁，而是从大泉河汇流区域形成的地下潜流出露成泉流的地点算起，即自大泉、条胡子地下水出露形成地表溪流至莫高窟，大泉河主河道长约15.5 km，从水系上看大泉河属党河水系和疏勒河水系。

大泉河是一条泉水河，主要泉流有大泉、条湖子泉、北泉、东泉等，其中以大泉规模较大。除降水季节外，各泉水溢出形成的地表水在流经约 1 km 后又潜入地下，在距大拉牌不远处地下水再次在河道集中溢出，形成常年不间断的径流。大泉河流域总的地势是由南向北倾斜，河水的流向受地势影响，大致由南向北流淌，由大泉经大拉牌、小拉牌、旱界子、石阶子、城城湾、莫高窟、茶房子，最后于敦煌莫高镇五墩一带汇入党河。

20 世纪 90 年代，敦煌研究院在莫高窟南 700 m 的大泉河河床修建了拦河坝，从此大泉河水被引入窟区两岸作为绿化用水和生物治沙等用水，以致下游基本断流，只有在夏季 6～8 月份发生大暴雨时，形成历时短暂、变率大的洪流，该洪水沿河道流经莫高窟前泄入敦煌盆地。

由于大泉河流属干旱内陆荒漠区一条很小的河流，流域内除敦煌研究院外，荒无人烟，所以流域内没有设水文站，也没有历史水文资料。

1990—2010 年，敦煌研究院与兰州大学在联合开展莫高窟保护基础研究过程中，对大泉河流域进行了多次科学考察和现场测验，获得了大泉河流域特征数据和水文资料，监测了大泉河的水量、水质及其动态变化，尤其是在大泉河莫高窟断面，先后两次测定了大泉河流量 24 h 变化情况，并于 2006 年、2007 年、2008 年观测了引入莫高窟绿化的全部水量，初步掌握了大泉河在莫高窟断面的径流变化规律和可用于窟前绿化的水资源量。

1.2.2.1　大泉河日流量变化

大泉河在流经莫高窟前的河段，其流量 24 h 变化比较明显的时期主要出现在炎热夏季的晴天，阴天和其他季节日流量变化不明显。因此，选择夏季连续晴朗天气，考察组先后于2004年8月15日、17日、18日和2005年8月25日、26日、27日，两次在莫高窟南0.7 km处的河流断面，采用浮标法和三角堰进行了24 h流量变化测验，测流时间间隔为30 min和60 min。测得了比较详细的日流量变化数据，绘制了日流量过程线（图1-5a、b）。

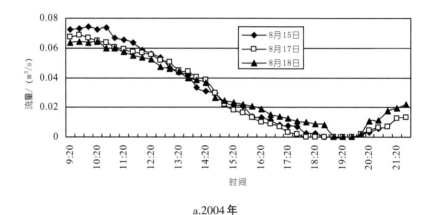

a.2004年

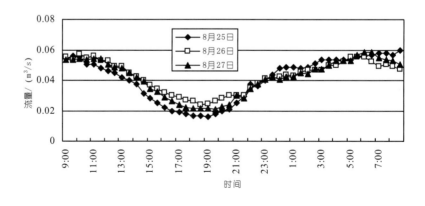

b.2005年

图1-5　大泉河莫高窟断面实测3 d流量过程线

可以看出，不论是2004年还是2005年，所实测的三条流量日内变化曲线，其形状十分相似，变化幅度均比较大，变化规律完全一致。一天中流量最大的时段出现在6：00至10：00，随后流量逐渐减小，到17：30至20：30为流量最小的时段，尤其是2004年8月中旬所测的3 d流量过程线在这一时段均出现断流现象，从20：30至第二天8：00，流量又逐步恢复到最高水平。日流量过程线的形状呈"S"形。

为掌握24 h径流过程线随时间变化的一般规律，可分别取2004年、2005年连续3 d测流的所有数据（2004年共111组，2005年共144组）进行非线性相关分析，由此得到了两次连续3 d测流的四阶多项式，即24 h流量过程线变化规律的数学表达式，同时也得出了与之对应的相关系数。

$$Q_{2004年}=0.013t^4-0.4491t^3+2.9743t^2+9.2498t+154.37 \qquad （1）$$

$$R_{2004年}=0.98$$

$$Q_{2005年}=0.0064t^4-0.2145t^3+1.2021t^2+6.7417t+153.41 \qquad （2）$$

$$R_{2005年}=0.97$$

根据上述两个多项式，可分别计算得出流量24 h变化过程线，分别取两次连续3 d实测流量的平均值，可在同一坐标系点绘相应的平均流量变化曲线（图1-6a、b）。可见实测曲线与四阶多项式函数曲线拟合良好。因此，可以用函数曲线来计算日流量。对两个函数式从时间0～24 h分别进行积分，可得到2004年和2005年测流期间通过断面的实际径流量的日平均值分别为3527 m³/d和3563 m³/d。

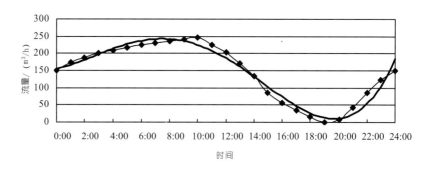

a 2004 年

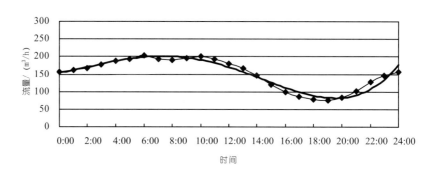

b.2005 年

图1-6　大泉河莫高窟断面3 d平均24 h流量过程线

由于大泉河莫高窟南断面以上流域范围内为无人居住区，也没有人为活动干预，河水径流完全保持天然状态。即便是河床存在渗漏也是稳定的，不会在短时间内发生变化，更不会在1 d内引起流量变化。因此可以推断，导致流量变化的根本原因是强烈的蒸发作用。

从大泉河的补给类型来看，先是祁连山降水和冰雪消融水汇集形成的沟谷潜流补给山前倾斜平原而成为地下水，经过一百四戈壁（南盆地）长距离的径流和大面积汇集，在大泉、条湖子一带溢出为泉流。这种远距离、大面积的汇流区，使大泉河的来水量相对稳定。试想如果没有蒸发损失，大泉河莫高窟南断面的流量应该一直保持在上午6:00～10:00的水平。若以此时间段的流量为基准，可推算出两次测流期间内的日流量总量分别为 $Q_{2004年}$=5616 m³/d，$Q_{2005年}$=4665 m³/d。该流量与实际流量之差，就是由河水蒸发作用造成的水量损失。

$$Q_{2004年}=5616-3527=2089 \text{ m}^3/\text{d}$$

$$Q_{2005年}=4665-3563=1102 \text{ m}^3/\text{d}$$

由此可见，2004年测流期间的日蒸发损失量占日流量总量的37%，2005年测流期间的日蒸发损失量占日流量总量的24%。

（1）流量变化与蒸发强度的关系

为了分析影响日流量变化的各种因素，在莫高窟区域断面实测流量过程线的同时，我们采用E20蒸发皿和温湿计，实测了蒸发强度和温、湿度的变化，根据这些实测数据，可以绘制出流量 Q 与蒸发量 E 在24 h内的变化关系图（图1-7a、b）。

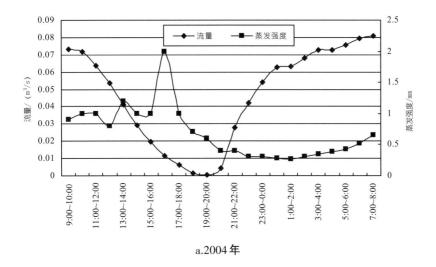

a.2004年

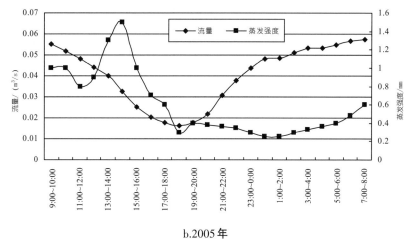

b.2005年

图1-7　大泉河实测流量与蒸发强度关系图

从图1-7a、b可见，日蒸发强度的变化规律是上午比较大，下午出现蒸发高峰，然后蒸发量逐渐减小，0:00～2:00时段蒸发量最小，相对应的日流量变化规律是9:00～20:00流量逐渐减少，其中下午17:00～20:00时段出现流量最小，夜间流量逐渐恢复。流量与蒸发强度呈反比。

（2）流量变化与气温、相对湿度的关系

利用莫高窟气象站所测的气温、相对湿度日变化资料和实测流量资料，可以绘制出流量与温度（$Q\sim T$）、流量与湿度（$Q\sim RH\%$）关系曲线图（图1-8a、b）。

从图1-8a、b可以看出，流量随着气温的升高而逐渐减小，与蒸发强度一样，24 h气温变化与流量变化呈反比关系。但是，流量与相对湿度呈正比关系，即流量随相对湿度的增加而增加，又随相对湿度的减少而减少，两者变化规律相似。从图1-8a、b还可以看出，凌晨空气温度最低，相对湿度最高，该时段是流量全面恢复的时段。由于从上游到下游径流之间存在时间差，即滞后作用使莫高窟断面日流量最大值出现在上午9:00左右。

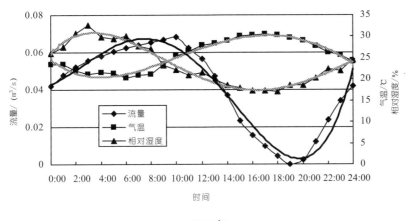

a.2004 年

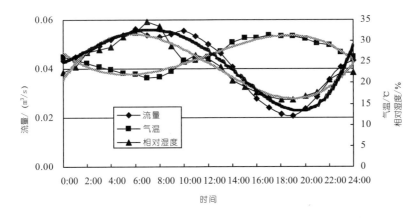

b.2005 年

图1-8 大泉河莫高窟断面流量与气温、相对湿度关系图

从敦煌莫高窟大泉河24 h流量变化实测资料分析可以得出，这条位于极干旱区的内陆河流量日变化幅度十分显著，流量过程线呈"S"形，造成24 h流量变化的原因是强烈的蒸发作用。在夏季7、8月份，日蒸发损失量约占日流量总量的24%～37%。流量大小与蒸发强度、温度呈反比，即温度越高，蒸发强度越大，流量越小。流量与相对湿度呈正比关系，相对湿度大时，蒸发量变小，流量随之变大；反之，蒸发量增大，流量随之减小。

1.2.2.2　年内月径流量分配

由于大泉河在冬季封冻，难以实测其流量。因此，只能根据2005年10月、2006年4～10月、2007年5～10月、2008年5～10月的调查资料，利用对大泉河的实测流量数据，推算出春、夏、秋季各月径流量；然后再根据河流水文统计分析方法中的比拟法，利用流域地理条件、气候条件、水文条件相似的榆林河蘑菇台水文站作为参照站，用榆林河径流量的年内分配来推求大泉河径流量的年内分配，以此来弥补实测资料的不足。

榆林河多年平均各月径流量年内分配见表1-1。大泉河实测期间各月的径流量见表1-2。

表1-1　榆林河多年平均各月径流量年内分配

项目	月份												全年
	1	2	3	4	5	6	7	8	9	10	11	12	
$\overline{Q}$ /(m³/s)	1.69	1.70	1.71	1.73	1.81	1.86	1.92	1.80	1.65	1.71	1.67	1.64	1.74
W /10⁴m³	452.6	414.9	458.0	448.4	484.8	482.1	514.2	482.1	427.7	458.0	432.9	439.3	5495

表1-2 大泉河实测期间各月的径流量

年份	项目	月份							实测期流量与总径流量
		4月	5月	6月	7月	8月	9月	10月	
2006	$\overline{Q}$/(m³/s)	0.06483	0.06303	0.03365	0.04155	0.03817	0.0466	0.06575	0.050511
	W/10⁴m³	16.8035	16.8808	8.722	11.1273	10.2298	12.0769	17.6136	93.4539
2007	$\overline{Q}$/(m³/s)	0.05387*	0.05387	0.05689	0.05918	0.06052	0.06774	0.07419	0.060894
	W/10⁴m³	14.4279*	14.4279	14.7452	15.8517	16.211	17.5573	19.8712	113.0922
2008	$\overline{Q}$/(m³/s)	0.05456*	0.05456	0.03204	0.03632	0.03212	0.04539	0.05258	0.04394
	W/10⁴m³	14.6124*	14.6124	8.3038	9.727	8.6018	11.7654	14.0826	81.7054
三年平均	$\overline{Q}$/(m³/s)	0.06483	0.057153	0.04086	0.045683	0.043603	0.053243	0.064173	0.05178
	W/10⁴m³	16.8035	15.30703	10.59033	12.23533	11.68087	13.79987	17.18913	96.0838

*根据2006年4月与5月实测数据十分相近，以当年5月份数据类推弥补4月份数据。

运用水文学原理，参照榆林河水文资料推算大泉河径流量年内分配的具体计算方法可采用等比缩放法，计算公式如下：

$$W_{i大}/W_{i榆}=W_{i+1大}/W_{i+1榆}=W_{a大}/W_{a榆} \tag{1-1}$$

式中：$W_{i榆}$——榆林河第i月的径流量；

$W_{i大}$——大泉河第i月的径流量；

$W_{a榆}$——榆林河全年径流量；

$W_{a大}$——大泉河全年径流量。

先用榆林河、大泉河4、5、6、7、8、9、10月的径流量数据计算出各对应月的比率系数K_i值，再计算出平均比率系数K_0值。即：

$$K_0 = （K_i + K_{i+1} + K_{i+2} + \cdots\cdots + K_{i+n}）/N \qquad （1-2）$$

考虑到大泉河6、7月水量蒸发损失较大，尤其在每日下午还会出现断流现象，而需要推算的月份水量蒸发损失要小一些。因此，要对推算月份的比例系数进行修正，其方法是去除6、7月份的比例系数，对其他实测月份的比例系数进行平均，得到比较符合实际情况的比例系数K值。即：

$$K = （K_4 + K_5 + K_8 + K_9 + K_{10}）/5 \qquad （1-3）$$

用修正后的平均比率系数K值分别乘以榆林河11、12、1、2、3月的径流量，就可以得出大泉河对应月的径流量。同样，用平均比率系数K值乘以榆林河年径流量，就可以推算出大泉河年径流量。

为了减小等比法的计算误差，我们还可以用榆林河的径流量数据，计算出年内各月径流量所占年总径流量的比例，然后再用该比例校核大泉河各月径流量所占总径流量的比例。如果两者有明显误差，则取两者的平均值。实测数据不需要校核。经校核后的数据有：2006年1、2、3、4、11、12月的月径流量，2007年和2008年1、2、3、4、11、12月的月径流量。最后计算实测期三年各月径流量的平均值和年径流量的平均值作为大泉河径流量的年内分配。大泉河莫高窟断面径流量年内分配推算结果见表1-3。

从大泉河莫高窟断面径流量的年内分配可见，该河径流量在一年中的分配比较均匀，这正体现了以地下水溢出为主要补给源的河流径流量相对稳定的特征。

表1-3　大泉河莫高窟断面径流量年内分配推算结果

项目	月份												全年
	1	2	3	4	5	6	7	8	9	10	11	12	
Q /(L/s)	53.4	53.6	54.0	58.0	57.2	40.9	45.7	43.6	53.2	64.2	52.7	51.8	52.4
W /$10^4 m^3$	14.3	13.1	14.7	15.0	15.3	10.4	12.2	11.7	13.8	17.2	13.7	13.9	165

1.2.2.3　大泉河径流量和洪水

根据多年对大泉河进行的水文调查和测流数据，可推算得到大泉河出山口（石阶子）平均流量为 0.0764 m^3/s，年径流总量为 240.9×10^4 m^3，即为大泉河的水资源总量。推算得出大泉河流入莫高窟前河道的水资源量为 165.2 ×10^4 m^3/a，占出山口水资源总量的 ~~6%~~。这是因为大泉河出山口处为冲洪积扇顶部，也是 ~~□□前断裂构造带的位置，河水下渗条件好，使一部分地表~~ ~~□入渗补给敦煌盆地地下水。~~

从径流量的实测数据推算结果来看，大泉河莫高窟断面 2006、2007、2008 年的径流量分别为 163.10×10^4 m^3/a、195.92×10^4 m^3/a、136.64×10^4 m^3/a，三年的平均值为 165.22×10^4 m^3/a。由于莫高窟每年 11 月至翌年 3 月为封冻期，是引水灌溉停止期，只是在 4～10 月引大泉河水灌溉窟区林地。因此，可把水资源的数量值分为大泉河莫高窟断面年径流量、可利用水资源量、实际引用水量。另外，评价大泉河水资源总量还常常用到出山口径流量。

（1）大泉河莫高窟断面年径流量

大泉河在莫高窟断面年径流量应该是多年（20年以上）实测流量计算的平均值，但该河流没有一处水文站，实测流量资料非常有限。只能用仅有的三年实测径流资料推算结果的平均值，即 165.22×10^4 m^3/a。

（2）可利用水资源量

可利用水资源量是指在现有技术条件下可以利用的水量。从理论上来讲，大泉河流入莫高窟的水量都可以被开发利用，但受季节变化的影响和开发条件的限制，实际开发利用这些水资源难以做到。因此，可取大泉河在莫高窟断面径流量的80%作为可利用水资源量，即 132.18×10^4 m^3/a。

（3）实际引用水量

实际引用水量就是目前莫高窟每年从大泉河截引到窟区使用的水量。本次历时三年的实测值就是实际引用水量，2006、2007、2008 年分别是 93.45×10^4 m^3/a、113.09×10^4 m^3/a、81.71×10^4 m^3/a，三年平均值为 96.08×10^4 m^3/a。

据调查，大泉河谷地遗留有历史洪水的痕迹，通过测量洪痕高程，实测并恢复洪水过水断面，应用薛齐-满宁经验公式，可计算出历史上最大洪峰流量。同时，采用小流域经验公式、比拟分析和频率分析等方法，推算出大泉河千年一遇的洪峰流量为 620 m^3/s，百年一遇的洪峰流量为 440 m^3/s，五十年一遇的洪峰流量为 260 m^3/s，二十年一遇的洪峰流量为

213.28 m³/s，十年一遇的洪峰流量为149.75 m³/s，五年一遇的洪峰流量为89.67 m³/s。据长期在莫高窟工作的人员观察，大泉河几乎每年夏季都有不同程度的洪流发生，虽然干旱少雨，但由于汇水面积大，流域纵比降大，洪水和暴雨一样，都具有来势凶猛、陡涨陡落，历时短的特点。

1.2.2.4　大泉河水质

（1）水质沿流程变化

为了解大泉河水质及其变化情况，近二十年来，我们多次在大泉河不同河段分别采样，进行了水质分析，其结果见表1-4、1-5、1-6、1-7。从表中可以看出，从大泉、条湖子泉至旱界子到莫高窟，大泉河水的总矿化度呈升高趋势，以苦沟泉高矿化度支流汇入处为界，大泉河上游河段水的矿化度为1500～1800 mg/L，下游河段水的矿化度为2100～2300 mg/L，即河水逐渐变咸。总硬度的变化趋势大致上与矿化度相同，也呈逐渐变大趋势（28.28H°→32.79H°→33.07H°），即河水随流程逐渐硬化。

造成这种变化的原因：一是强烈的蒸发浓缩作用，从上游到下游，河流水的蒸发损失量高达30%；二是中、下游河段苦沟泉高矿化度水支流的汇入。虽然苦沟泉流量甚微（0.5 L/s），但水的矿化度高达7.82 g/L，总硬度达到了50.44 H°，为极硬咸水，对大泉河水质影响较大，是造成大泉河上、下游水质差异的主要原因。

表1-4　大泉河主要河段水质分析结果(1993年6月)

取样点	条湖子泉	大泉	大拉牌	苦沟泉	莫高窟
Na^+	300.80	414.10	439.90	1424.00	581.60
Ca^{2+}	87.16	108.90	117.90	221.50	121.40
Mg^{2+}	30.56	48.22	25.47	53.10	35.76
HCO_3^-	200.50	180.40	232.00	297.90	201.60
SO_4^{2-}	448.40	661.00	648.30	1570.00	805.80
Cl^-	252.60	378.90	347.30	1410.00	494.70
pH	8.06	7.69	7.80	7.82	8.10
矿化度	1.266	1.836	1.809	4.821	2.298
总硬度	19.24	26.36	22.36	43.23	25.24

　　注：表中总硬度单位为德国度（H°），矿化度单位为g/L，其余单位均为mg/L。

表1-5　大泉河主要河段水质分析结果(1997年7月)

取样点	条湖子泉	大泉	大拉牌	苦沟泉	莫高窟
Na^+	322.5	383.6	365.2	1817	502.1
Ca^{2+}	83.3	93.8	99.1	222.4	107.2
Mg^{2+}	48.3	67.0	57.8	66.4	66.2
HCO_3^-	347.5	205.9	234.9	460.8	250.9
SO_4^{2-}	543.9	693.9	652.7	1989	876.8
Cl^-	283.4	380.4	357.1	1787	434.7
pH	7.6	7.9	7.8	7.7	7.9
矿化度	1.54	1.80	1.73	6.25	2.19
总硬度	22.80	28.57	27.16	46.39	30.27

　　注：表中总硬度单位为德国度（H°），矿化度单位为g/L，其余单位均为mg/L。

表1-6　大泉河主要河段水质分析结果（2004年8月）

取样点	条湖子泉	大泉	大拉牌	苦沟泉	旱界子
K^+	8.21	9.25	8.62	27.60	9.65
Na^+	299.00	305.00	330.00	2025.00	383.60
Ca^{2+}	112.30	96.19	96.19	268.54	108.22
Mg^{2+}	54.60	83.85	58.33	55.90	77.78
CO_3^{2-}	0.00	0.00	0.00	0.00	0.00
HCO_3^-	396.20	188.36	227.33	530.00	259.81
SO_4^{2-}	443.00	707.48	592.21	2088.82	721.89
Cl^-	297.29	363.36	357.85	2301.25	418.41
NO_3-N	0.24	2.00	1.23	0.28	0.55
pH	7.33	8.00	8.13	7.52	7.96
矿化度	1680.00	1774.00	1756.00	7816.00	2036.00
总硬度	28.28	32.79	26.90	50.44	33.07

注：表中除总硬度单位为德国度（H°），其余单位均为mg/L。

表1-7　大泉河水质监测结果统计表（2007年6月）

项　目	监测点				地表水标准*限值mg/L
	小拉牌 mg/L	苦沟泉咸水 mg/L	苦沟泉汇口 mg/L	窟南拦河坝 mg/L	
pH	8.30	7.89	8.10	7.65	6～9
矿化度	1720.66	5872	1933	1968	1000
硬度	422.67	949.67	612.17	620.83	450
氯化物	358.22	1755.3	432.87	476.52	250
硫酸盐	90.0346	19.976	162.97	106.44	250

莫高窟和月牙泉景区水环境

项　目	监测点				地表水标准* 限值 mg/L
	小拉牌 mg/L	苦沟泉咸水 mg/L	苦沟泉汇口 mg/L	窟南拦河坝 mg/L	
NO_3-N	0.43217	0.987	0.6215	0.4247	10
NO_2-N	0.0125	0.004	0.0123	0.0107	0.02
COD_{Cr}	3.42	未检出	9.3	未检出	15
F^-	1.235	3.3533	1.385	1.33	1.0
Fe	0.1735	0.1387	0.1145	0.0817	0.3
Pb	0.005	0.005	0.005	0.005	0.01
Hg	0.00006	0.00006	0.00006	0.00006	0.00005
Cd	未检出	未检出	未检出	未检出	0.005
Mn	0.0745	0.0793	0.0578	0.0685	0.1
粪大肠菌群（CFU/ 100 mL）	<3	<3	<3	<3	2000(个/L)

注：单位除pH及注明外均为mg/L；*GB 3838-2002。

矿化度、硬度参照《生活饮用水卫生标准》（GB 5749-2006）；NO_2-N参照（GB/T 14848-93）。

通过大泉河源头、中游和下游水质分析结果的对比，不仅可以发现河水矿化度、硬度具有比较明显的沿流程变化的规律，而且主要离子含量Cl^-、SO_4^{2-}、Na^+也沿着流程均表现为逐渐增高的趋势（图1-9）。其变化规律、变差特征、变化原因与矿化度基本相同。

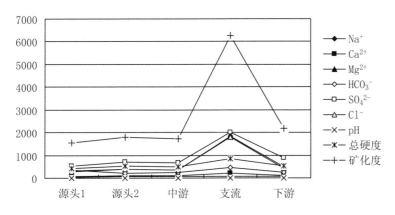

图1-9　大泉河水质沿程变化图（单位为 mg/L）

（2）大泉河水化学成分及特征

大泉河水中含有较多的 Ca^{2+}、Na^+ 阳离子和 SO_4^{2-}、Cl^- 阴离子；pH 值在 7.3～8.1 之间，呈弱碱性；大泉、条湖子泉、大拉牌、旱界子等地的水质为 Na_2SO_4 型 SO_4-Cl-Na 水，而苦沟泉水质为 Na_2SO_4 型 Cl-SO_4-Na 水。水中主要离子含量如图1-10、1-11、1-12、1-13。大泉河水的矿化度均大于 1.0 g/L，属于微咸水和咸水，其中苦沟泉的矿化度最高，达到 7.8 g/L。根据水质硬度分类表，总硬度在 16 H°～30 H° 范围内为硬水，总硬度大于 30 H° 为极硬水，大泉河水质为硬水，其中苦沟泉水质的总硬度达到 50.44 H°，为极硬水。

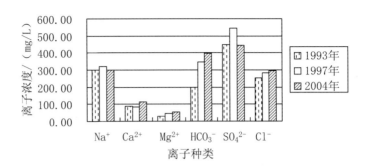

图 1-10　条湖子泉主要离子含量对比

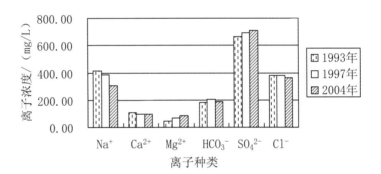

图 1-11　大泉主要离子含量对比

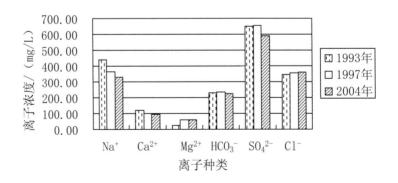

图 1-12　大拉牌主要离子含量对比

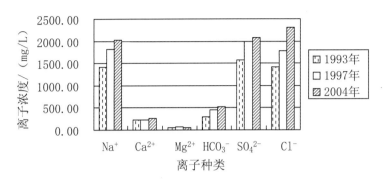

图1-13　苦沟泉主要离子含量对比

（3）大泉河水质评价与用途分析

总体来看，大泉河水的矿化度和总硬度值偏高，且偏碱性。根据我国生活饮用水水质标准（GB 5749-2006）中的规定：pH值在6.5～8.5，总硬度（以$CaCO_3$计）小于450 mg/L（约为25 H°），硫酸盐小于250 mg/L，氯化物小于250 mg/L，溶解性总固体小于1000 mg/L，硝酸盐（以氮计）小于10 mg/L。可见，大泉河水不符合饮用水卫生标准。从我国灌溉用水标准来看，矿化度一般要求≤1000 mg/L，但在干旱缺水地区可以适当放宽到≤2000 mg/L。虽然大泉河水质也不满足灌溉用水水质标准，但是，由于莫高窟景区在地貌上处于山前洪积扇的顶部，排水条件好，属极度干旱区。大泉河又是莫高窟唯一的地表水源，尽管水的矿化度略超2000 mg/L，仍然是不可多得的水源，完全可用以绿化灌溉。

1.2.3　地下水

1.2.3.1　莫高窟景区水文地质概况

莫高窟景区的地下水主要是指分布在敦煌盆地南部边缘大泉河冲洪积扇一带的地下水，它是整个敦煌盆地水资源的组成部分，因此，分析莫高窟景区的地下水应从盆地的整体谈起。敦煌盆地的基底为第三系，岩性主要为泥质砂砾岩、泥质粉砂岩和泥岩等，为泥钙质半胶结，结构较为紧密，构成了盆地区域性的隔水底板，其上覆盖了数十米至数百米厚的第四系砂砾岩，岩性主要为砂砾岩、含砾砂岩以及亚砂土等，是地下水的良好储存场所，一般以孔隙潜水赋存于其中，承压水次之。由老到新第四系的上、中、下更新统和全新统在本区都有出露，其总厚度在敦煌市北部地带为350 m左右，在莫高窟景区230 m左右。

敦煌盆地地下水分为第四系松散岩类孔隙水，第三系碎屑裂隙孔隙层间水和前中生界变质岩、火成岩裂隙水三个系统。其中，第四系松散岩类孔隙水与莫高窟关系最为密切，它分为孔隙潜水和孔隙承压水，孔隙潜水主要分布于党河，大泉河洪积扇，市区附近古河道及党河、疏勒河冲湖积平原。孔隙承压水主要分布于洪积平原及冲湖积平原超过100 m以下的深部含水层。

敦煌盆地地下水补给资源主要来自于地表水，其次来自南部沟谷地下潜流或基岩裂隙水的侧向补给。地表水对地下水的补给主要为党河水的自然渗漏和灌溉渠系渗漏及田间灌溉入渗补给。根据第四系潜水等水位线与承压水水位图，敦煌盆地南半部地下水由西南向东北径流，盆地北半部地下水大致由南向北径流。地下水的排泄以人工井群开采为主。地下水水质受主要补给源（党河）水质的影响，在盆地南部和中部党河河谷及其影响范围内以淡水为主，矿化度小于 1 g/L，水化学类型属于 HCO_3-SO_4-Mg-Na 型水和 SO_4-Cl-Mg-Na 型水。在盆地北部和远离党河地带，地下水为微咸水或咸水，水化学类型为 SO_4-Cl-Mg-Na 型或 Cl-SO_4-Na 型水。

1.2.3.2 莫高窟北戈壁滩地下水补给、径流、排泄条件

莫高窟北戈壁滩展布于三危山以北至安敦公路以南地区，属大泉河洪积扇，表层由上更新统洪积砂砾石覆盖，厚 10～70 m，为透水不含水岩层，下部为中更新统砂砾石加含砾粗砂层及亚砂土、亚黏土层，结构疏松，孔隙率高，厚度 50～250 m，分布稳定，是地下水赋存的良好空间（图1-14）。

莫高窟北戈壁地下水属孔隙潜水，水位埋深变化较大，由大泉河洪积扇上部向下部水位由深变浅，据敦煌莫高窟供水水源地水文地质勘查钻孔资料，洪积扇上部水位埋深 130～150 m，扇中、下部水位埋深 90～130 m，到洪积扇的前缘文化路口及敦煌飞机场附近水位埋深 16 m 左右。

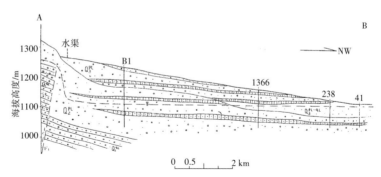

图1-14　大泉河洪积扇水文地质剖面图(选自敦煌区域水文地质普查报告)

　　莫高窟北戈壁地下水的来源主要有两个方面:一个方面是大泉河水、三危山雨洪的渗漏补给,包括窟前绿化灌溉水的渗漏补给;另一个方面是党河平原地下水的径流补给。前者水质较差,水量很小;后者水质良好,水量较大。

　　地下水的径流受含水层条件和补给条件的综合影响,在大泉河洪积扇的上部,潜水径流略呈放射状,由洪积扇顶部向中部由南向北缓慢径流,大约在洪积扇中、下部与党河冲积平原的地下水相混合。党河冲洪积扇地下水由西南向东北径流,水力坡度大约为0.27%,径流比较缓慢。

　　从局部区域来看,莫高窟北戈壁地下水的排泄主要表现为向东北方向的径流排泄。但是与整个敦煌盆地一样,地下水的排泄几乎完全受人为开采的控制。自1970年以来,随着敦煌盆地人口的增加,开垦面积和农业灌溉需水量不断扩大,打井开采地下水的强度不断增加,导致地下水补给、径流、排泄平衡破坏,造成地下水位逐年下降,使地下水的排泄主要表现为人工开采方式，地下水已完全由人工控制而失去了自然排泄的属性。

1.2.3.3 地下水动态变化

1970年起，敦煌盆地地下水开采量大于补给量的现实，导致逐年消耗含水层的静储量，正是这种多年不断对含水层静储量的消耗积累，才导致了整个敦煌盆地地下水位持续下降。据敦煌盆地地下水位动态观测资料显示，从20世纪60年代中期到2005年，敦煌绿洲中心地带地下水累积下降幅度约10 m，最大降幅约12 m，水位年均降幅在20～30 cm之间。由绿洲中心向外，地下水水位下降幅度逐步减小。由地下水超采造成的敦煌绿洲区地下水降落漏斗，不仅破坏了地下水的自然平衡，给当地生态环境造成不良影响，也给敦煌沙漠明珠——月牙泉的生存带来了严重危机。

莫高窟北戈壁属于敦煌绿洲的外围区，距绿洲中心10～15 km，这里的地下水位也随着敦煌盆地区域地下水位的下降而下降。参照月牙泉水位的下降幅度，推测莫高窟北戈壁地下水位降幅累积达7～8 m。

为了了解莫高窟北戈壁地下水的变化及其与区域地下水的关系，2008年我们对莫高窟在文化路口以南6 km、8 km两眼供水井的水位进行了为期一年的观测，要求每5天各观测1次。由于两眼井轮换抽水时间集中在每日8:00～23:00之间，在开机抽水之前观测井中水位作为静水位，在准备停止抽水之前观测井中水位作为动水位。

将每月5次观测数据取平均值作为当月的水位，绘制地下水位柱状图。如图1-15、1-16。从观测数据和柱状图可见，两眼井的水位变化规律相同，静水位和动水位变化规律也完全相同，两者相差5 m左右。虽然观测资料仅有一年，不足于说明地下水位持续下降的趋势，但可以明显反映出地下水位在一年内的变化情况。6 km水井一年中静水位最高为1100 m，出现在1月；最低水位为1095.5 m，出现在8月和9月，水位变化幅度4.5 m。8 km水井一年中静水位最高为1103 m，出现在1月；最低水位为1098 m，出现在9月上旬和中旬，水位变化幅度达5 m。

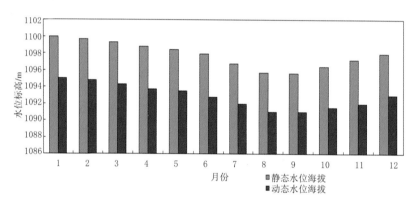

图1-15 文化路6 km抽水井水位变化图（2008）

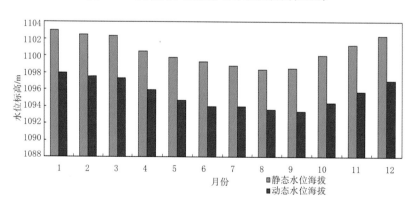

图1-16 文化路8 km抽水井水位变化图（2008）

从水位观测资料还可以看出，地下水位随季节性变化的规律十分明显，两眼水井在6月、7月、8月和9月是水位较低时期。在11月、12月、1月、2月和3月为水位相对高的时期，最高水位出现在1月。显然，这种变化规律与敦煌绿洲4~10月为灌溉用水期密切相关，这无疑证明莫高窟北戈壁地下水与敦煌盆地地下水属一个系统，敦煌盆地地下水位受人工开采量的控制。

1.2.3.4 地下水水质

由于受党河冲洪积平原地下水的补给，莫高窟北戈壁地下水主要分布在大泉河洪积扇的中部和下部，因此，2006年我们分别在文化路口以南6 km、8 km水井取水样，其井深分别为206 m和210 m，抽取100 m以下含水层地下水，其水样代表该地带的深层地下水。同时在文化路口西边苏家墩井深小于80 m的水井取样，代表该地带浅层地下水。

按照《地下水质量标准》（GB/T 14848-93）中的有关规定，选取监测项目pH、总溶解固体、硬度、氯化物、硫酸盐、NO_3-N、NO_2-N、F^-、Fe、Pb、Hg、Cd、Mn、粪大肠菌群共14项，进行水质监测并分析结果（见表1-8）。

从表1-8可知，文化路6 km、8 km两个水井地下水除细菌外的13项参评项目综合评价分值为2.25和2.31。6 km处水井，监测项目单项分值最高的是总溶解固体、硬度和锰，达到地下水水质Ⅲ类3分。8 km处水井，监测项目单项分值最高的是总溶解固体、硬度、氯化物、硫酸盐和锰，都达到水质Ⅲ类3分。而苏家堡水井除细菌外的13项参评项目综合评分值为7.28，其中硬度单项分值最高，达到水质V类10分。

表 1-8　地下水水质监测分析结果

序号	水质指标	6 km水井			8 km水井			苏家堡水井		
		监测值	质量类别	评价分值	监测值	质量类别	评价分值	监测值	质量类别	评价分值
1	pH值	7.87	I	0	7.96	I	0	7.2	I	0
2	总溶解固体	609.78	III	3	827.62	III	3	1990	IV	6
3	硬度	300.83	III	3	335.67	III	3	799	V	10
4	氯化物	138.29	II	1	199.94	III	3	324	IV	6
5	硫酸盐	127.84	II	1	186.88	III	3	322	IV	6
6	NO_3—N	2.901	II	1	2.8718	II	1	7.24	III	3
7	NO_2—N	0.0038	II	1	0.001	I	0	0.003	II	1
8	F^-	0.86	I	0	0.9983	I	0	0.32	I	0
9	Fe	0.0245	I	0	0.0472	I	0	未检出	I	0
10	Pb	0.005	I	0	0.005	I	0	未检出	I	0
11	Hg	0.00006	II	1	0.00006	II	1	未检出	I	0
12	Cd	未检出	I	0	未检出	I	0	未检出	I	0
13	Mn	0.0667	III	3	0.0697	III	3	未检出	I	0
14	粪大肠菌群[①]	<3	I	0	<3	I	0	<3	I	0
计算结果		$F_{max}=3$；$\overline{F}=1.08$；$F=2.25$（综合评价值）水质级别：良好（I类）			$F_{max}=3$；$\overline{F}=1.31$；$F=2.31$（综合评价值）水质级别：良好（I类）			$F_{max}=10$；$\overline{F}=2.46$；$F=7.28$（综合评价值）水质级别：极差（I类）		

注：①单位为CFU/100 mL。其他单位除pH及注明外均为mg/L。

按综合评价分值可将莫高窟北戈壁地下水评定为：6 km、8 km 水井深层地下水质量良好（Ⅰ类）；苏家堡水井浅层地下水水质极差（Ⅰ类）。

从以上评价结果可以看出，以苏家堡水井水样为代表的浅层地下水矿化度高，硬度大，不符合饮用水标准，不能用于生活供水，只能用于绿化和灌溉。6 km、8 km 水井代表的 100 m 以下的深层地下水，水质良好，可用于生活供水。

1.2.3.5　莫高窟北戈壁地下水可开采量

根据莫高窟北戈壁水文地质条件、地下水动态和水质特征分析，可以判断该区域地下水的用途和可开采量。

在文化路口至 8 km 范围内的地下水具有开发利用价值，按照水质在垂直方向上的变化特征，可将地下水大致以距地面深度 80～90 m 为界，其上部为浅层地下水，属微咸水，可作为灌溉用水开发利用；其下部为深层地下水，属淡水，可作为生活用水开发利用。

作为深层地下水可开采量的计算，可根据 1999 年中国市政西北设计院在文化路 6 km 水井所做的抽水试验成果和本区域可布置井位数量来简单推算。通常可考虑以下几个因素来推算。

（1）抽水试验孔水位降深 5 m。

（2）单井涌水量为 300～500 m³/d。

（3）抽水影响半径约 1 km。

（4）文化路分布方向大致和地下水径流方向正交，1～8 km 合理布置井数 3 眼。

（5）由此可推算地下水日开采量为900～1500 m³。

（6）每年可开采量为328500～547500 m³。

1.2.3.6 莫高窟重点保护区(窟前)地下水

由于莫高窟重点保护区处于三危山前的断裂带，基岩起伏变化剧烈，岩石破碎，第四系厚度变化幅度很大，新构造运动的作用，造成第四系玉门砾岩被断裂错动，使其断裂、裂隙发育，透水条件好而储水条件差。正是这种构造部位和河流出山口的地貌部位，导致了莫高窟前为大泉河水的强烈渗漏区。因此，莫高窟重点保护区内属地下水贫水区，仅有少量的地下水赋存于上更新统玉门砾岩裂隙带和中更新统酒泉砾岩中，推测属于上层滞水形式。

据《区域水文地质普查报告》(敦煌幅 K-46-35，1982 年)，千佛洞第四系厚度 178 m，下伏地层为第三系，钻孔观测地下水水位埋深参考值 20.64 m。由于莫高窟地下水主要分布于窟前大泉河河谷，补给来源主要是大泉河水的渗漏，且水量少，水质差，矿化度在 2～3 g/L，属微咸水，不符合饮用水标准，开采利用价值不大。

1.2.4 莫高窟水资源总量

1.2.4.1 降水

据 1990 年开始，莫高窟九层楼窟顶气象站监测数据统计，莫高窟窟区多年平均气温为 11.45℃，多年平均降水量为 36.45 mm，窟区蒸发力全年平均为 4347.9 mm。蒸发量大约是降水量的 119 倍。

窟区空气相对湿度一般在24%～40%，属极端干旱区。正是由于气候干旱、降水稀少的原因，决定了区域水资源贫乏、荒漠分布广泛的自然景观。

1.2.4.2 地表水

莫高窟窟区的唯一地表水资源为大泉河水，该河属干旱区小流域，常年性河流。自大泉、条胡子泉出露至莫高窟，大泉河长15.5 km。大泉河出山口（石阶子）平均径流量为240×10^4 m³/a，莫高窟前断面平均径流量为165.64×10^4 m³/a，除去封冻期11月至翌年3月，进入窟区的可利用水量为132.18×10^4 m³/a。测流期三年截流引到窟前绿化的实际用水量分别为93.45×10^4 m³/a、113.09×10^4 m³/a、81.71×10^4 m³/a，平均为96.08×10^4 m³/a。

由于莫高窟窟区气候干旱，以蒸发浓缩作用占优势，使得大泉河水质矿化度达2 g/L，属微咸水，不符合生活饮用水水质标准，不能作为生活水源，但可以用于窟区绿化灌溉。

1.2.4.3 地下水资源

莫高窟重点保护区内属地下水贫水区，仅有的地下水赋存于上更新统玉门砾岩裂隙带和中更新统酒泉砾岩中，水位埋深20.64 m左右，水量少，水质差，矿化度在2～3 g/L，为微咸水，不符合饮用水标准，开采利用价值不大。

莫高窟一般保护区北部戈壁滩，大泉河冲洪积扇的中、下部地带普遍分布有地下潜水，水位埋深变化较大，在文化路中段一般在90～140 m，在文化路口，潜水埋深只有16 m左右。地下水的补给来源主要是党河流域地下水的径流补给，大泉河水的渗漏和莫高窟前的灌溉入渗补给量所占比例甚小。地下水径流与党河流域地下水的径流基本相同，即由西南向北东方向流动。地下水的富水性较好，单井出水量可在300～500 m^3/d。

地下水水质在垂向上具有分带性，深度在80～90 m以上为浅层地下水，其水质较差，矿化度在1.0～2.0 g/L，属微咸水，不宜作为饮用水源。90 m以下为深层地下水，其水质较好，矿化度在0.6～0.8 g/L，属淡水，可作为生活用水水源。

据已有的水文资料和抽水试验成果推算，莫高窟北戈壁作为供水的合理井位数为3眼，地下水日可开采量为900～1500 m^3；每年可开采量为328500～547500 m^3。

目前莫高窟区的生活用水取自于文化路口以南6 km及8 km处的两眼供水机井，分别建于1999年6月和1996年8月，设计出水量分别为480 m^3/d。目前两口深井交替为莫高窟供水。两眼井年抽水量约11.36×10^4 m^3。

1.2.4.4 莫高窟景区水资源总量与利用

总体而言，莫高窟景区降水量远远小于蒸发量，只有极少量的降水被当地旱生植物自然利用，人工难以收集利用，也就是说莫高窟景区稀少的降水还无法被人工开发利用。

大泉河是莫高窟景区唯一的地表水源，水质为微咸水，年均径流量为240×10^4 m^3/a，可供开发利用的水量为132.18×10^4 m^3/a；现有水利设施截流引到窟前绿化的实际利用水量年平均值为96.08×10^4 m^3/a。

莫高窟北戈壁滩地下水富水程度一般，埋藏深度大约在90 m
范围的潜水属微咸水，深度大于90 m的深层含水层属淡水，每
年可供开采的淡水资源量在328500～547500 m³。目前两眼深井
交替为莫高窟供水，实际开采量每年约11.36×10⁴ m³。

1.3　莫高窟景区供水

1.3.1　莫高窟景区供水现状

1.3.1.1　生活供水

敦煌研究院在莫高窟景区工作的职工生活供水靠地下水
源。1996年8月由中国市政西北设计院勘察、设计，在距文化
路8 km处打井一眼，设计井深206 m，泵流量约36 m³/h。为提
高莫高窟景区供水的可靠性，保证水量和水质安全，1999年6
月，又在文化路6 km处打井一眼，井深210 m，泵流量约40 m³/h。
目前由这两眼井轮流抽水供给莫高窟景区，可靠供水能力为
480 m³/d。供水水质良好（Ⅰ类），符合国家饮用水标准（见表
1-9）。莫高窟景区生活现状用水量约为120 m³/d，平均供水量
约为43800 m³/a。现有的地下水源地在供水水量和水质上均有
保障。

表 1-9　地下水现状监测分析结果

序号	水质指标	6 km水井			8 km水井		
		监测值	质量类别	评价分值	监测值	质量类别	评价分值
1	pH值	7.87	I	0	7.96	I	0
2	总溶解固体	609.78	III	3	827.62	III	3
3	硬度	300.83	III	3	335.67	III	3
4	氯化物	138.29	II	1	199.94	III	3
5	硫酸盐	127.84	II	1	186.88	III	3
6	NO_3—N	2.901	II	1	2.8718	II	1
7	NO_2—N	0.0038	II	1	0.001	I	0
8	F^-	0.86	I	0	0.9983	I	0
9	Fe	0.0245	I	0	0.0472	I	0
10	Pb	0.005	I	0	0.005	I	0
11	Hg	0.00006	II	1	0.00006	II	1
12	Cd	未检出	I	0	未检出	I	0
13	Mn	0.0667	III	3	0.0697	III	3
14	粪大肠菌群[①]	<3	I	0	<3	I	0
计算结果		$F_{max}=3$； $\overline{F}=1.08$； $F=2.25$（综合评价值） 水质级别：良好（I类）			$F_{max}=3$； $\overline{F}=1.31$； $F=2.31$（综合评价值）水质 级别：良好（I类）		

注：①单位为 CFU/100 mL。其他单位除 pH 及注明外均为 mg/L。

1.3.1.2 绿化用水

莫高窟绿化开始于洞窟建造初期，持续了近1600年历史。窟区植树造林具有美化景观、防风固沙、增加空气湿度、调节温差的效应。自20世纪90年代以来，敦煌研究院在莫高窟南700 m的河床建了拦河坝，将大泉河流水全部拦截，用人工渠道引到窟前作为绿化用水。

据历时三年的实测值显示，莫高窟截引用大泉河水到窟前绿化的实际水量，2006、2007、2008年分别是$93.45×10^4$ m³/a、$113.09×10^4$ m³/a、$81.71×10^4$ m³/a，三年平均值为$96.08×10^4$ m³/a，占大泉河可利用水资源量$132×10^4$ m³/a的73%。

大泉河主河流的矿化度在1500～2300 mg/L，总硬度为407～591 mg/L，pH为7.5～8.1，Na^+含量为332～580 mg/L，SO_4^{2-}含量在443～806 mg/L，Cl^-含量在252～495 mg/L，水化学类型为$NaSO_4$型$SO_4-Cl-Na$水，属弱碱性微硬性咸水。河水既不符合饮用水标准，也不符合灌溉水标准。但它是干旱区莫高窟区珍贵的水源，是维系窟区小绿洲的源泉。

从理论计算来看，大泉河水资源量可以满足窟前绿化用水量的需求，但多年的实践证明，窟区极干旱的程度存在着年内和年际变化，窟前绿化需水量随干旱程度的增加而增加，大泉河来水量却随干旱程度的增加而减少。因此，越是干旱年份，窟前绿化需水量越大，而大泉河来水量却越少。每年6、7、8月是窟前绿化需水量最大的时期，也是大泉河水蒸发损失最大、来水量较小的时期，甚至在夏日的下午出现河水断流的现象。

这种绿化用水的"卡脖子"现象是限制莫高窟区绿化的主要问题。

1.3.1.3　旅游用水

莫高窟是历史文化旅游景区，地处戈壁沙漠极干旱区，不存在水源造景和水上游览项目。即使窟前的大泉河在一年大部分时间也因人工截流引灌而干涸。因此，莫高窟的旅游用水主要是游客和旅游服务人员在窟区的生活用水，它是窟区生活总用水量的一部分，其水源、水质、供水设施及保障程度与莫高窟职工生活供水为同一个体系。

据统计，2006年来莫高窟的游客人数平均达60万人次，按每位游客在莫高窟参观时间2.5 h、平均消耗水量10 L计算，每年游客用水量大约为6000 t。由于莫高窟旅游旺季、淡季分明，游客人数季节性变化显著，由此造成游客用水量也表现为明显的季节性变化。尤其在旅游旺季的黄金时期，日游客量高峰可达5000人次，对应的游客日用水量约50 t。

2010—2018年，游客人数逐年大幅度增加，一年中大部分时段的游客人数超过了莫高窟拟定的每天6000人的动态容量。旅游旺季的日游客量达到20000人以上，远远超过了莫高窟的游客容量。为应对超量的游客，尽可能满足人们参观莫高窟的需求，敦煌研究院特定了游客短时间应急参观莫高窟的制度，相当于把参观莫高窟的时间压缩了一半。因此，旅游旺季按照每日10000人次，每人用水量10 L计，游客日用水量为100 t。按照莫高窟拟定的游客容量6000人次/d，用水量60 t/d。每年10个月的旅游期年用水量为18000 t。

1.3.2 莫高窟景区未来供水预测

1.3.2.1 生活需水量预测

我国大城市人均日用水量标准为120～200 L，中等城市人均日用水量80～150 L，小城市及县城人均日用水量60～100 L。敦煌莫高窟为水资源极为贫乏的区域，又是世界文化遗产和我国重点文物保护单位，为了文物的安全及利于文物的长久性保护，在莫高窟居住人数、经商服务人数和观光旅游人数都应该适当限制。因此，在莫高窟居住或工作人员的日用水量应该限制在县城人均用水量的下限值（60 L），参观游览人员在莫高窟用水量也应限制在最小范围内（人均10 L）。

据2009年统计，莫高窟窟区工作人员约为720人。其中在莫高窟长期居住的人口约265人，用水量按80 L/（人·d）计，则平均用水量为21.2 m³/d，其他工作人员为455人，按用水定额40 L/（人·班）算，则用水量为18.2 m³/d，两项合计窟区工作人员总的用水量为39.4 m³/d。由此可以反推，莫高窟全体工作人员用水量为55 L/（人·d）。

近几年来，窟区内的工作人员人数没有太大的变化。但莫高窟保护利用工程建设需要合同工或临时用工，因此，窟区实际人数存在50～100人的变化，这些浮动人员数量约占窟区常住人员30%。由此造成窟区生活用水量的变化也会随着浮动人员数的改变而改变。综合考虑各种可预见因素，未来窟区工作人员相对稳定或10年期增幅按3%计算，居住人员和只在白天来莫高窟工作的人员生活需水量统一按55L/（人·d）计，则莫高窟未来工作人员数量和生活用水量预测见表1-10。

表1-10　莫高窟未来生活需水量预测表（工作人员）

年度	工作人员数	日用水定额/ （L/人）	需水量/ （t/d）	变动系数	保障供水量/ （t/d）
2010	720	55	39.6	1.3	51.48
2020	742	55	40.81	1.3	53.05
2030	766	55	42.13	1.3	54.77

1.3.2.2　游客需水量预测

莫高窟自1979年正式对外开放以来，随着经济的发展和人们生活水平的提高，来莫高窟的游客大幅度增加。在过去的30年中，游客数量长期保持稳定快速增长的态势，并且呈加快增长之势。1984年游客人数突破10万人次，1998年突破20万人次，2001年突破30万人次，2004年达到43万人次，2005年达到46万人次。2006年，安敦公路的开通和敦煌铁路客运专线的建成通车，使莫高窟的国内客流量显著增加，总游客接待量达55.1万人次。2007年游客接待量达55万人次，2008年达35万人次，2009年达40万人次。2010年达56万人次。

2011—2018年，莫高窟每年游客量由60万人次逐年增加到120万人次，旅游旺季（7、8、9月）的平均日游客流量在6000～15000人次；日最大游客量超越20000人次。

依据莫高窟游客流量长期统计资料的分析结果，以全国、甘肃省及敦煌地区旅游市场发展为背景，敦煌研究院和北京中房亿融投资咨询有限公司2004年10月完成的《莫高窟游客流量分析预测报告》，预计2020年游客流量达164万人次，旅游旺季（7、8、9月）的平均日游客流量在6000～15000人次；日最大游客流量在20000人次左右。

为合理计算莫高窟未来旅游量及游客用水量，根据2011—2018年游客增长情况，2019—2020年按8%计、2021—2030年按6%计，预测基准年以近三年最大游客量110万人次为准。当年游客量超过莫高窟年游客容量限制时，年游客量按照限制上限180万人次计算。预测结果列于表1-11。

按莫高窟年游客总量可以预算出游客年用水量和平均日用水量（表1-12），但更重要的是要预算出旅游旺季游客峰值时的日用水量，这对供水保障量的设计更有意义。因此，要分析旅游旺季莫高窟游客峰值和最大游客日用水量。

莫高窟的旅游旺季在每年夏、秋两季，自2016年起，旅游旺季前往莫高窟的游客日平均超过动态容量6000人次，已出现多日游客量峰值超过20000人次现象。为保障莫高窟文物安全，考虑到莫高窟游客容量和限制量，按照每年游客容量上限180万人次预测未来游客用水量（见表1-12）。按照日游客峰值20000人次计算游客最大用水量为200 m^3/d。

表 1-11　莫高窟未来年游客量预测表

预测年	基准游客量/(万人次/a)	增长率	预测游客量/(万人次/a)
基准年 2018	110		110
2019	110	8%	118.8
2020	118.8	8%	128.30
2021	128.3	6%	135.99
2022	135.99	6%	144.15
2023	144.15	6%	152.80
2024	153.17	6%	162.36
2025	162.36	6%	172.10
2026	180.00	容量控制	180.00
……	……	……	……
2030	180.00	容量控制	180.00

注：莫高窟游客量控制上限为180万人次/a。

表 1-12　莫高窟未来游客的需水量预测

预测年	游客量/(万人/a)	游客日均用水量/(L/人)	游客日均总用水量/m³	游客年总用水量/m³
2020	128.30	10	42.77	12830.0
2025	172.10	10	57.37	17210.0
2030	180.00	10	60.00	18000.0

注：每年旅游天数按300 d计。

1.3.2.3　绿化需水量预测

莫高窟现有绿化面积和建筑面积总和为36.439 hm²（546.6亩），

绿化面积24.52 hm²（折合368亩），绿化面积占总面积的67.3%。由于莫高窟区还有花棚、菜地、杂草地等，实际灌溉面积要比绿化面积大一些。估计现状灌溉面积约27 hm²（折合405亩），再考虑生物治沙灌溉折合面积和未来扩展面积，最大绿化面积控制在30 hm²。如果取绿化灌溉定额为敦煌地区最大值2000 m³/亩·年（敦煌南湖乡）或最大限定值1600 m³/亩·年（窟区灌溉期每年8个月，平均每月灌溉2次，每次灌水定额100 m³/亩），就可将窟区绿化灌溉需水量预测出来（见表1-13）。

从表1-13绿化灌溉需水量预测可见，莫高窟现在和将来窟前绿化用水量均未超过大泉河水莫高窟断面的来水量，除远期高定额灌溉，也不超过近几年从拦水坝截引到窟区的水量（96.08×10⁴ m³/a）。但是夏季绿化灌溉用水紧缺的"瓶颈"问题仍然存在。

表1-13　莫高窟绿化灌溉需水量预测

预测期	绿化面积/亩	灌溉面积/亩	年灌溉定额/(m³/亩)	年需水量/10⁴ m³
近期2015—2020	368	405	2000	81.00
			1600	64.8
中期2020—2030	410	451	2000	90.20
			1600	72.16
远期2030以后	450	495	2000	99.00
			1600	79.20

注：灌溉面积是绿化面积的1.1倍。

实际上，莫高窟应根据石窟文物保护的要求来合理确定绿化面积和绿化形式，以优化文物保护环境为目标来规划、实施绿化，绿化用水量应控制在大泉河可利用水资源量范围内。

1.3.2.4 莫高窟未来需水总量

莫高窟未来需水总量包括职工及服务人员生活需水量、游客需水量、窟区绿化需水量几个方面。通常可以由以上各预测结果求和得到。莫高窟未来需水量预测见表1-14，旅游旺季游客峰值时的莫高窟需水量预测见表1-15。

表 1-14　莫高窟未来需水量预测表（10^4 m^3/a）

预测期	生活需水量	游客需水量	绿化需水量	需水总量
2018—2020	1.88	1.10	81.00	83.98
2021—2030	1.94	1.62	90.20	93.76
远期 2030 以后	2.0	1.80	99.00	102.8

表 1-15　旅游旺季游客峰值时的莫高窟生活需水量预测表（m^3/d）

预测期	生活需水量	游客峰值需水量	需水总量
2018—2020	51.48	200	251.48
2021—2030	53.05	200	253.05
远期 2030 以后	54.77	200	254.77

1.3.3 莫高窟远景供水方案选择

1.3.3.1 自备井供水方案

自备井供水方案是指莫高窟北戈壁（大泉河洪积扇）中、

下部地带打机井开采地下水供水的方案，该方案是敦煌研究院目前正在采用的方案，即20世纪90年代在文化路6 km、8 km建成的机井供水系统。

根据敦煌盆地水文地质条件分析，莫高窟北戈壁为大泉河冲洪积扇，其扇顶及中、上部地带，受大泉河水的入渗补给，水质为微咸水，不宜作为生活饮用水源。在冲洪积扇的中、下部及其以北地区，接受党河流域地下水径流补给，水量可满足中小流量开采，水质满足生活饮用水的水质要求，即在文化路8 km以北，尤其是北西地带可作为莫高窟的地下水供水源地，打180～210 m深的水井，即可获得良好的地下水源，单井出水量在300～500 m³/d。

自备井供水方案的优点：

（1）水质符合饮用水卫生标准，不需修建水处理设施，只需投放少量杀菌剂即可作为生活供水。

（2）在保持敦煌盆地生态环境稳定、地下水动态平衡不发生明显变化的前提下，供水量和水质稳定。

（3）供水距离较短，管线长8.0～10.0 km，供水成本在合理范围。

（4）井位及所有供水设施位于莫高窟一般保护区或保护区边界地带，管理方便。

自备井供水的缺点：

（1）随着敦煌盆地区域地下水位的下降，自备井地带地下水的可开采量越来越小，开采难度越来越大。

（2）存在水质恶化的风险。

1.3.3.2　敦煌市自来水供水方案

敦煌市自来水供水方案是将目前已通往敦煌车站、敦煌机场的自来水加压提升，延长供水管道至莫高窟，解决莫高窟的供水问题。随着莫高窟数字展示中心及游客接待中心在新墩林场的建设，莫高窟供水专线管道可从游客接待中心接入自来水管网。

莫高窟是敦煌市的重要组成部分，是敦煌文化走向世界的主体象征，是敦煌市社会、经济发展的重要支撑。因此，莫高窟的供水应作为敦煌市城市基础设施来统筹规划、统一建设和管理。

敦煌市自来水向莫高窟供水的线路有以下三种方案：

（1）敦煌市城关—游客接待中心—莫高窟线路：该线路兼顾敦煌车站、敦煌机场、游客接待中心和莫高窟几处的供水。城关至游客接待中心距离约10 km，沿文化路游客接待中心到莫高窟的距离约13 km。

（2）敦煌市城关—东湾—莫高窟线路：这是敦煌市向莫高窟供水的专线，直线距离为16.8 km。

（3）敦煌市城关—月牙泉—莫高窟线路：该线路兼顾月牙泉、莫高窟两处的供水。城关至月牙泉5 km，在城关通往月牙泉供水线路的中段，接分水管线，经鸣沙村沿沙漠边缘人行便道通往莫高窟，供水管线长约14 km。

根据目前的经济和技术条件，选择以上三条线路中的任何一种方案，都可以实现敦煌市自来水公司向莫高窟供水，但相对来讲，由莫高窟游客接待中心至莫高窟的供水管线比较合理。

自来水管网供水方案的优点：

（1）敦煌市自来水公司水厂供水能力大，有利于供水效益的发挥。

（2）水量、水质保障程度高。

自来水管网供水方案的缺点：

（1）需要加大水压，提高扬程260 m。

（2）供水管线通过古墓区。

1.3.3.3　大泉河供水方案

大泉河供水方案是指采用反渗透膜技术和电渗析技术，将大泉河水做淡化处理，使水质达到饮用水水质标准，作为莫高窟的生活水源。

（1）该方案的可行点：技术基本上可行，供水管线短，管理比较方便。

（2）不利因素或缺点：水质淡化处理成本高（8.00～20.0元/t）；运行管理技术要求比较高；夏季大泉河来水变化幅度大，甚至出现断流；需要同时修建原水调节池和淡化水储存池；产生生活供水与窟前绿化灌溉用水的争水现象，从而加剧莫高窟绿化用水的紧张程度。

1.3.3.4　党河引水方案

党河引水方案是从党河五个庙河段取水，利用自然水头压力差用管道自流输水，经过一百四戈壁或沙丘地带，将党河水引入莫高窟的供水方案。这种方案的设想，由敦煌研究院的前辈们在几十年前就提出，但一直没有进行可行性研究或论证。作者团队经过对党河五个庙河段、一百四戈壁、莫高窟南部沙漠、大泉河流域等现场调查研究，对党河引水方案的可行性做出了初步的分析。

党河位于河西走廊西部，流域处在肃北蒙古族自治县和敦煌市境内。河流全长390 km，汇水面积16970 km²。根据党河水文站1966—2006年的实测资料统计，党河在党城湾的多年平均径流量为$3.53×10^8$ m³，在$P=50\%$、75%、95%时的河流径流量分别为$3.50×10^8$ m³/a、$3.25×10^8$ m³/a、$2.81×10^8$ m³/a。可见，从党河向莫高窟引水，水量有保障。

党河水功能区划为Ⅱ类，适合作为饮用水水源。水质类型多为重碳酸−硫酸盐型淡水。虽然水质沿流程逐渐有变化，矿化度自上游至下游有逐渐增高的趋势。表1-16、1-17为党河自上而下分别在肃北县城、五个庙、敦煌市三个点采集的水样分析结果。

表1-16　党河地表水水质分析表

采样点	pH	总硬度 mEq/L	总碱度 mol/L	主要离子含量/(mg/L)							
				CO_3^{2-}	HCO_3^-	Cl^-	SO_4^{2-}	K^+	Na^+	Ca^+	Mg^{2+}
县城肃北	7.36	4.17	3.67	17.52	188.37	45.44	34.29	2.99	32.11	49.80	20.42
五个庙	7.42	4.60	3.59	13.44	191.54	61.52	54.76	4.68	39.46	50.51	25.28
敦煌市	7.39	4.52	3.86	24.01	186.66	68.53	45.68	7.49	46.27	49.23	25.06

注：总硬度为钙镁离子毫克当量数。

表1-17　党河地表水微量元素含量表

采样点	微量元素含量/(mg/L)											
	Fe	Al	Mn	Ni	Cu	Co	Cr	Pb	Zn	P	Sr	B
县城肃北	0.025	0.007	0.005	0.005	0.002	0.005	0.006	0.019	0.008	0.027	0.761	0.204
五个庙	0.085	0.029	0.002	0.008	0.0005	0.007	0.012	0.016	0.009	0.011	0.738	0.220
敦煌市	0.016	0.015	0.002	0.003	0.004	0.003	0.001	0.013	0.008	0.009	0.969	0.249

从水质分析结果可以看出，党河地表水水质较好。水化学类型为 $HCO_3-Cl-Ca-Mg-Na$ 型水，矿化度为 0.431 g/L。满足城镇供水水质的要求，可作为供水水源。

根据党河中游与莫高窟之间的地势，考虑两者之间的地形特点，可有两条引水路线供选择。

一条引水线路（东线）是从党河五个庙河段取水，取水点地理坐标为 N39°38′45.85″，E94°47′18.74″，取水口高程约1970 m，比莫高窟窟顶1380 m高出590 m，引水线路穿越一百四戈壁，大致沿三个锅庄、三十里敖包、大泉一线，铺设管道将党河水引到大泉，然后沿大泉河河道铺设管道将水引到莫高窟。线路总长度约53 km，其中20 km为基岩山区，33 km为砾石戈壁区。

另一条引水线路（西线）是从党河下累墩子（营盘底子）河段取水，取水点地理坐标为 N39°47′48.28″，E94°42′32.90″，取水口高程1725 m，高于莫高窟窟顶345 m。沿鸣沙山东侧穿越沙丘，以管道形式将党河水引到莫高窟，线路长度约34 km，其中通过沙漠区8 km，沙丘区和基岩丘陵区20 km，砾石戈壁区6 km。

党河引水线路高程变化如图1-17。

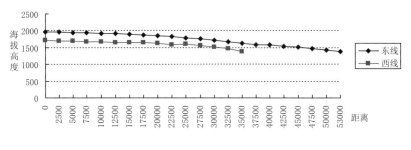

图1-17　党河引水线路高程变化图(单位:m)

党河引水的优点:

（1）可利用自然水头压力将党河水引到莫高窟。

（2）水量有保障,既能满足生活用水,又能满足绿化用水。

党河引水的缺点:

（1）输水管线比较长,东线长约53 km,西线长约34 km,穿越地区地层结构复杂,有以三危山为代表的前震旦变质岩,有岩浆活动形成的火山岩,有河流冲积形成的沉积岩。

（2）施工难度大,管道穿越区属荒无人烟的戈壁、沙漠区,且地形起伏变化大,没有道路,交通运输很不方便。

（3）工程投资大。根据《给水排水设计手册》（第10册）给水管道工程估算指标,并通过咨询,得到一般地区铺设直径100 mm铸铁管道平均单位长度全价为45.5万元/m,PE管全价43万元/m。戈壁区施工难度系数为1.5,沙漠区施工难度系数为4.0,基岩丘陵区施工难度系数为3.0,基岩山区施工难度系数为5.0。党河引水管线施工难度系数加权平均值为2.88（表1-18）。因此,铺设单位长度输水管线的铸铁管道价格为131.04万元，PE管道价格为123.84万元。由此可得到党河引水管线工程的估算（见表1-19）。

表1-18 党河引水管线施工难度系数计算表

管道通过地带	长度/km	权重系数	难度系数	难度系数权重值
戈壁区	39	0.4483	1.5	0.6725
沙漠区	8	0.092	4.0	0.368
基岩丘陵区	20	0.2299	3.0	0.6897
基岩山区	20	0.2299	5.0	1.1495
合计	87	1.0		2.8797

表1-19 党河引水工程投资估算表

引水线路	管道类型	管线长度/km	单价/万元	总价/万元	取水及水净化设施/万元	总投资/万元
东线	铸铁管	53	131.04	6945.12		8145.12
	PE管	53	123.84	6563.52	1200	7763.52
西线	铸铁管	34	131.04	4455.36		5655.36
	PE管	34	123.84	4210.56		5410.56

（4）东线管道沿大泉河河道铺设，大多地段要穿越基岩，开挖难度大，截弯取直受到很大限制，并且受到洪水的威胁。

（5）引水管线维护、管理难度大，尤其是西线穿越沙漠地段。

（6）对管道掩埋深度不足1.2 m的地段，或因风沙侵蚀导致管道埋深小于1.2 m的地段，在冬季存在冻结和冻胀问题。

（7）不论是采用东线还是西线，党河引水工程的经济效益、社会效益、环境效益都很低，或者为负效益。

1.3.3.5 莫高窟供水方案比选

从莫高窟可能的四种供水方案及其优缺点分析，结合莫高窟现实条件，进一步考虑经济上合理、技术上可行、管理上有保障等综合因素，可以将四种供水方案从优到劣排序为：自备井方案或自来水管网方案、引党河水方案、大泉河水淡化方案。

党河引水供水方案，输水管线长，施工难度大，工程投资成本高，综合效益低。该方案虽然在技术上可行，但经济上不合理，环境上不协调，管理上无保障，得不偿失。因此应予否定。

大泉河咸水淡化供水方案，因大泉河水量小，水质差，不论从水量还是水质都不能满足莫高窟供水需求。将大泉河水淡化后用于生活用水，成本较高，保障程度较低，还会造成生活用水与绿化灌溉用水争夺水源的矛盾，不能解决莫高窟水资源紧缺的根本问题。因此也应给予否定。

显然，敦煌市自来水管网统一供水方案和自备井供水方案具有明显优势，是当前和长远解决莫高窟供水问题可采用的方案。

1.4 水环境对莫高窟石窟文物的影响

1.4.1 降水对莫高窟石窟文物的影响

莫高窟虽然处在极干旱地区，被戈壁、沙漠所包围，稀少的降雨在年内和年际分布很不均匀，通常在夏季以暴风骤雨形式出现，来势迅猛，往往形成暴雨灾害。据气象资料统计，莫高窟所在地区夏季的降雨量要占全年降水总量的75%，其他三个季节的降水量只占25%。降水对莫高窟石窟文物的影响主要表现在以下几个方面。

（1）强降雨或冰雹冲击洞窟崖面，造成崖面砂砾石瞬间脱落，尤其是特大暴雨可造成大量砂砾石脱落，加速了莫高窟崖体的风化作用。

（2）强降雨或冰雹冲击裸露壁画，导致露天壁画和冒顶洞窟壁画损害。

（3）强降雨形成坡面流，沿窟顶斜坡径流冲刷洞窟崖体，造成了崖面斜坡冲沟，甚至造成上层洞窟薄顶、薄壁，对洞窟稳定性和文物安全产生威胁。

（4）降水沿围岩裂隙进入洞窟，造成局部壁画及地仗浸水损害，或导致酥碱危害。

（5）降水使空气湿度增加，对洞窟壁画也会产生不良影响。

1.4.2　地表水及绿化对莫高窟石窟文物的影响

莫高窟唯一的地表水为大泉河，它对莫高窟的选址、第一个洞窟开掘和发展历史都有着直接的影响。

在第四纪以来的地质历史上，大泉河的冲洪积作用形成了莫高窟的洞窟地层，新构造的震荡性升降运动和大泉河的冲刷下切作用形成了莫高窟近乎直立的崖体。自公元4世纪莫高窟开始建造以来，大泉河不仅为洞窟开凿建造者、僧侣及守护者提供了稳定的生活水源，而且为洞窟壁画的制作提供了天然黏土材料。时至今日，这条河流依然是莫高窟不可多得的宝贵资源。可见大泉河在莫高窟建造和发展过程中起到了重要的作用。但是大泉河水对莫高窟文物也有着严重的不良影响，这种影响表现在短期突发性洪水灾难上。综合分析多项调查研究对大泉河洪水预测结果，可以得出大泉河莫高窟九层楼前断面50年一遇洪峰流量为260 m^3/s，100年一遇的洪峰流量为440 m^3/s，200年一遇的洪峰流量为520 m^3/s，500年一遇的洪峰流量在600 m^3/s 以上。这些大洪水对莫高窟文物有很强大的破坏性。

1.4.2.1　洪水引发的灾害

根据大泉河河谷洪水痕迹和莫高窟地层洞窟洪水沉积物年代测定，在距今约600年前，大泉河曾发生过一次特大洪水，冲刷莫高窟崖体，造成崖体崩塌和部分洞窟前室坍塌，同时造成一些下层洞窟被淹的严重事件。近五十年以来的观测也表明，大泉河几乎每年都可能发生洪水（图1-18）。其中1979年、1997年、2011年和2012年的洪水较大，洪流直逼莫高窟崖下，使部分底层洞窟进水，造成潮湿、壁画酥碱等危害，使莫高窟石窟文物遭受了严重损失。

实践证明大泉河水环境对莫高窟的影响具有两重性，对莫高窟的建设、保护发展、景观绿化、旅游开发来说，大泉河有充足和良好的水源；而对莫高窟石窟文物的长期保存环境来说，不需要大量的水资源，甚至水越少越好。莫高窟保存历史已证明，洞窟壁画能够比较完整的保留到今天，主要是得益于干燥的气候环境、稳定的地质环境和偏僻的社会环境。

图 1-18　2011 年 6 月 16 日莫高窟遭遇洪水

1.4.2.2　绿化对莫高窟的有利影响

大泉河水资源水环境对莫高窟长期稳定的影响表现在窟前景观绿化上。自莫高窟开始建设起，窟前绿化就一直在持续，据2010年调查统计，绿化面积已达24.5 hm²，其中西岸12 hm²，东岸12.5 hm²，形成了窟前的微型绿洲（图1-19），对美化景观、防治风沙、降低污染、调节窟区小气候环境起到了重要作用。

图1-19　莫高窟前绿化带微型绿洲

（1）美化景观

大泉河的存在为植物生长提供了源泉和保障，大泉河谷地植被的自然发育，莫高窟前的人工绿化，使戈壁深处渐渐地有了绿色生命的气息，也点缀着广袤的戈壁滩上举世闻名的莫高窟特殊的景色，让人心旷神怡、浮想联翩。如今人工绿化的发展，使原有的绿洲面积进一步扩大，形成了一个微型的沙漠绿洲。在一望无际的戈壁滩上，形成了一幅有山有水有沙的美丽画卷，让人们在赞叹莫高窟壁画艺术博大精深的同时，又能领略到沙漠、戈壁的宽广宏伟，感受到另一番风情。莫高窟窟前大泉河两岸绿化带（图1-20），不仅让游客感受到古色古韵的洞窟景观，而且还能领略到沙漠绿洲的风光无限。

图1-20　莫高窟前大泉河两岸绿化带

（2）防治风沙

自莫高窟建窟以来，窟前植树一直延续，目前已形成以杨树、榆树为主的林带。窟前树木高度约25 m，林带距洞窟崖体15～20 m，由南向北沿洞窟崖体方向延伸1.8 km。窟前高大的树种对降低风速，拦截风沙有重要的作用，可防止风沙侵入洞窟擦伤壁画和在洞窟堆积。

由于莫高窟处在沙漠戈壁区，风沙天气多，TSP超标成为窟区最严重的大气环境问题。科学研究数据早已表明，树木不仅具有防风固沙的作用，而且对空气中的灰尘具有阻挡和吸附作用，从而可显著降低大气TSP含量。显然，莫高窟前的树木可起到过滤灰尘与减尘作用，对提高窟区空气质量具有很好的效果。

莫高窟窟顶戈壁滩以西以南 1 km 左右，分布着相对高度近百米的鸣沙山沙丘。每当有西北、西南风，黄沙就会像潮水一样从沙山上腾飞，掠过窟顶戈壁滩，从莫高窟崖顶上直扑而下。20 世纪 80 年代之前，窟前每年的积沙都在 3000 m³ 以上，风沙曾经是莫高窟最大的危害。风沙对莫高窟石窟群的危害分为积沙危害、风蚀危害、粉尘危害等。

为治理莫高窟西南沙山造成的风沙危害，20 世纪 90 年代开始，在沙山下人工种植灌木林，实施生物治沙措施，取得了较好的效果。据 2002 年 5 月 4 日～6 月 4 日研究人员在窟顶的防风固沙灌木实验林带监测结果，灌木林中和林后 1 m 和 2 m 高处的风速降低幅度在 30%～60%，说明防风防沙林带对风的阻滞作用是明显的。

（3）降低污染

随着人民生活水平的不断提高，旅游业的快速发展和国际敦煌学的兴起，前往莫高窟参观旅游的人数已由 1980 年的 4.5×10^4 人次增加到 2018 年的 110×10^4 人次，增长 24 倍多，给敦煌文物保护事业带来巨大的压力。随着游客量的剧增，洞窟及窟区 SO_2、CO_2 和 NO_x 质量浓度均有所增加。同时，参观旅游的人数和车辆还会逐年增加，这些潜在因素均可导致大气环境中 SO_2、CO_2 和 NO_x 质量浓度的增高。

SO_2、CO_2 和 NO_x 都是酸性氧化物，当大气中这三种物质质量浓度达到一定阈值时，必然对精美的石窟壁画产生不良的影响，面且这种变化是一种比较隐蔽的渐变过程，短期内较难发现。大气中浓度较高的 TSP 已对石窟壁画画面造成严重污染和强烈磨蚀，并加速了壁画起甲、褪色、脱落等病害的发生发展。因此，必须引起高度重视，确保莫高窟完整保存。

窟前绿化能够降低大气污染，平衡大气环境，树木能够吸收 SO_2、CO_2 和 NO_x 等酸性气体，阻挡和吸附粉尘，净化空气，所以窟前绿化在降低污染方面有一定的积极作用。

（4）调节窟区小气候环境

树木的生长需要水的灌溉，园林灌溉水的蒸发又需要巨大的能量消耗，因此，绿化园林用水在这一生态过程中作为能量的载体，综合着各相关因子，使小气候具有生态"空调"的作用。

通过窟前和窟顶戈壁温度监测表明，窟前温度由于绿化的作用相对于窟顶和戈壁来说较低，日变化较小。主要原因是崖体和林木遮光使窟前地表得到的太阳辐射量较小以及窟前水分含量较高，水分的蒸发对白天温度的升高有一定的抑制作用，即窟前绿化有降低温度的作用。

窟前湿度远大于窟顶和戈壁，说明莫高窟的水系统对相对湿度有重要影响。相对湿度在垂直方向上受地表湿度的影响，表现为窟前 >戈壁 >窟顶。说明窟前绿化能够增加湿度。

林带中心的蒸发量始终小于窟顶和戈壁上的蒸发量，白天相对于晚上变化较大，夜间比较平缓。窟前林带中的温度低于周围环境、湿度明显大于周围环境、蒸发量较低。植物的遮阴作用减少了阳光对土壤的直接照射，降低了土壤的温度，进而对土壤蒸发产生明显的抑制作用，说明窟前绿化能抑制蒸发。

1.4.2.3　绿化对莫高窟的不良影响

当然，窟前绿化对莫高窟文物也会产生不良影响，主要表现是空气湿度的增加造成的壁画病害。由于窟前绿化植物的增加和空气湿度的增加及变化，为微生物霉菌生长、繁衍、传播提供了有利条件，由此造成洞窟壁画及塑像表面微生物霉菌明显增加。微生物霉菌会引起洞窟壁画长霉乃至霉烂、腐朽，而昆虫在洞窟内的分泌物也会对壁画产生影响。可见窟前大量的绿化，在微生物、昆虫方面对洞窟壁画保护存在不良影响。因此，怎样合理地实施窟区绿化，怎样处理好窟区生态环境保护与文物保护的关系，怎样有效地防治洞窟壁画病害，依然是值得进一步研究的问题。

1.4.3　地下水对莫高窟石窟文物的影响

由于莫高窟处于大泉河出山口冲洪积扇的顶部地带，也是三危山前的断裂带北侧，基岩起伏变化剧烈，岩石破碎，第四系地层厚度比较大，以粗颗粒砾岩为主，渗透条件好而储水条件差，再加上极干旱的气候环境，决定了莫高窟景区内属地下水贫水区，仅有少量的地下水赋存于上更新统玉门砾岩裂隙带和中更新统酒泉砾岩中。据《区域水文地质普查报告》（敦煌幅 K-46-35，1982 年），莫高窟第四系厚度 178 m，下伏地层为第三系，钻孔观测地下水水位埋深参考值 20.64 m。由于莫高窟地下水主要分布于窟前大泉河河谷，补给来源主要是大泉河水的渗漏，且水量少，水质差，矿化度在 2～3 g/L，属微咸水，不符合饮用水标准，开采利用价值不大。

按照水文地质学理论，埋藏深度20 m的地下水远远大于砂砾石层的蒸发临界深度，不会产生毛细水向上运移，不会进入莫高窟崖体洞窟围岩。但是，莫高窟地层洞窟围岩因潮湿发生壁画及地仗层酥碱的事实，说明包气带非饱和水的运移在莫高窟长期存在。

地层中的非饱和水是地下水的一种类型，通常人们称之为"水汽"或"地气"。非饱和水虽然难以开发利用，没有供水价值，但能够被植物吸收，对气候具有调节作用，具有生态价值。对于莫高窟文化遗产，尤其是底层石窟文物，非饱和水对它的影响绝对不可小觑。

莫高窟地下非饱和水的来源：一是窟前绿化灌溉水入渗；二是埋藏于地下大约20 m深度的饱和地下水含水层；三是超过15 mm降水的入渗。其中窟前绿化灌溉水是景区非饱和水的主要来源，它源源不断地向莫高窟崖体方向运移，对莫高窟底层石窟文物有很大影响。

近二十年来开展的多次调查和实验表明，窟前绿化灌溉水的侧向渗透能力较强，以非饱和水形式向底层洞窟运移，增加了底层洞窟的潮湿度，导致壁画和地仗酥碱病害。据现场调查，莫高窟约有100个洞窟存在着不同程度的壁画酥碱病害，其中有56个洞窟壁画酥碱相当严重。壁画酥碱主要分布在位置较低的下层洞窟，中上层仅有个别洞窟因降水渗漏遭受壁画酥碱危害。

酥碱破坏壁画的机理主要是地仗层中的水盐作用，生成了含水硫酸盐矿物晶体。由于硫酸盐矿物晶体中络阴离子 $[SO_4]^{2-}$

半径相对很大，它与半径相对小的阳离子结合时易在阳离子外面围上一层水分子，以形成稳定的含水硫酸盐。这种水化作用的显著特点：一是矿物晶体的体积增大，如 $CaSO_4$ 水化成 $CaSO_4·2H_2O$ 时体积增加 1 倍，$MgSO_4$ 水化成 $MgSO_4·7H_2O$ 时体积增加 4 倍。当它们在洞壁、地仗层孔隙中沉淀形成时，就会改变土粒间的结构。二是固相与液相之间的阳离子交换作用，如黏粒上的二价离子 Ca^{2+} 被两个一价离子 Na^+ 交换后，可增大扩散层的厚度，会导致土粒间距变大而趋于分离。总之，硫酸盐的水化作用和阳离子交换作用都会造成地仗层疏松、脱皮或散落。酥碱地仗层具有碱土性质，遇水易分散，干燥易收缩，对壁画的破坏性极大。

1.5　莫高窟水环境与文物环境保护措施

1.5.1　大泉河水环境保护

由于大泉河对莫高窟的建造、发展、保护起着决定性作用，大泉河水资源又是莫高窟微型绿洲的生命线，是当地生态环境持续发展的源泉所在。因此，保护好大泉河流域水源对莫高窟至关重要。大泉河水环境的保护涉及整个流域，大泉出露点以南至祁连山西段野马南坡为源区，面积约 745.07 km^2，占整个流域面积的 66.8%。野马山南坡发育有许多沟谷，其中较大的支沟有好布拉沟、西墙子沟、滴水沟、马莲湾沟等，这些支沟接受的祁连山降水、冰雪消融水出山后随即潜入地下，形成地下潜流向下游汇集，经过约40 km的洪积戈壁滩（一百四戈壁），受三危山的拦截，在大泉一带又以泉水形式出露，主要泉流有大泉、条湖子泉、北泉、东泉等，其中以大泉的规模较大。因此，要保护大泉河水环境，就必须针对全流域、协同肃北蒙古族自治县政府采取以下措施。

（1）遵照我国有关法律法规，维护全流域自然地貌景观，严禁毁山、毁林和盲目开垦行为。

（2）协同肃北蒙古族自治县政府及国土资源、生态环境、水利、农林部门对流域水源共同保护，统一管理，杜绝在大泉河源区汇水沟谷修建人工截流引水工程，防止大泉河补给水源减少。

（3）保护生态植被，增加野马南山南坡人工护林、人工育林力度，应对全球气候变暖，增强水源涵养作用。

（4）提倡在流域宜草、宜林地带种植适宜当地生长的植物，适当限制在大泉河流域放牧，禁止砍柴、打猎、烧荒等行为，维护自然生态平衡。

（5）禁止在大泉河流域采沙、采矿，尤其严格禁止在流域源区建设排放污染物的企业，避免大泉河水源遭受污染。

1.5.2　莫高窟环境绿化保护

莫高窟环境绿化对石窟文物保护和利用有着重要的影响，要尽可能做到绿化对文物保护与利用的有利影响最大化，不良影响最小化，就必须综合考虑莫高窟地貌特征、窟前土地面积、土壤分布、办公区、实验区、管理设施、旅游设施布局等因素，合理营造与莫高窟自然文化相协调的绿化景观。要适当控制绿化面积，优选植物种类，优化景观结构，始终保持绿化对莫高窟景区的美化作用，始终保持绿化景观、文物保护与利用和谐可持续发展。

莫高窟绿化环境保护具体措施和要求如下：

（1）莫高窟绿化与景观保护相结合，营造自然景观与人文景观相协调，绿化景观与石窟建筑相和谐的窟区环境。

（2）莫高窟绿化要保持原有的特色，不宜采用或照搬城市绿化模式。

（3）绿化树种应以当地传统树种胡杨、银灰杨、柏树、榆树、沙枣树、毛柳、红柳等为主，乔木与灌木有机结合，疏密适度，突出特色，突出观赏性。

（4）距石窟崖体30 m范围内不宜新种植乔木，对该区内现有的林木严格控制灌溉用水量，确保洞窟不受灌溉水侧向渗漏的影响。

（5）限制在窟区种植草坪，减少灌溉水量消耗。

（6）完善引水灌溉渠系及分水闸，渠道应尽可能远离洞窟崖体，并做好防渗衬砌，减少渠道渗漏损失，提高输水效率。

（7）合理制定灌溉定额，实施沟灌、管灌、滴灌、渗灌等节水灌溉技术，减少窟前绿化灌溉入渗量，提高灌溉质量，防止窟前绿化灌溉水入渗对石窟文物的影响。

（8）及时清理绿化区枯枝落叶，禁止游客乱扔垃圾，保持窟前绿化区清洁卫生、绿树成荫、人与环境友好、和谐相处的

局面。

1.5.3 石窟文物防水防渗

虽然莫高窟处在极干旱地区，但窟前景区的大泉河洪水依然是文物保护与旅游开发的主要风险源之一，防洪问题决不可掉以轻心，即便是少量的水和非重力水进入洞窟，也能直接或间接引发石窟文物发生病变。因此，防水、治水是莫高窟文物保护的重点任务之一，也是面临的难点之一。已有研究表明，莫高窟壁画酥碱的发生与水分参与盐分的溶解、运移、表聚、重结晶等作用有关。因此，要防治壁画酥碱，就必须采用有效措施，治理好景区水环境，以防水对石窟文物的侵害。

1.5.3.1 建设莫高窟防洪体系

大泉河洪水的主要来源是祁连山系北坡野马山的几条沟谷，其中较大的支沟有好布拉沟、西墙子沟、滴水沟、马莲湾沟等。强降雨产流在这几条沟谷汇流，出山口后经过一百四戈壁到达大泉、条湖子泉、东泉一带，再次汇流进入大泉河河谷，穿越三危山在莫高窟前通过。由于从祁连山到莫高窟地面坡降及河流纵比降大，洪水流速快，来势凶猛，危害很大。为了莫高窟文物安全，必须高度重视，做好防洪体系建设。

（1）按照500年一遇洪水设计，在窟区大泉河沿岸建设防洪堤坝，选用高强度砼坝体，表面镶嵌当地卵石和砾石以保持防洪堤坝与景观协调。

（2）在窟区大泉河大桥桥体及其附近防洪堤坝迎水面安装测流设施，以记录大泉河洪水流量过程线及洪峰流量，为莫高窟防洪预警提供技术支撑。

（3）在大泉河上游产流区浩布勒格村（浩布拉村）、大泉或大拉牌河段建立降雨自动监测站和洪水自动观测站，将监测数据通过互联网或专属线路传输至敦煌研究院文物环境监测中心，可随时了解大泉河发源地水情，为防洪防灾服务。

（4）建立莫高窟洪水风险预警体系，根据大泉河上游洪水发源地降水汇流自动监测数据，一旦预判会出现暴雨洪水，提前启动应对洪水的应急预案，采取有效措施防洪防灾，确保莫高窟文物安全。

1.5.3.2　优化绿化灌溉体系，控制灌溉水侧向入渗

为了遏制窟前灌溉对石窟文物的不良影响，2000年以后，将靠近石窟文物的引水渠道取缔，绿化灌溉形式由漫灌改为喷灌和滴灌，使侧向入渗问题得到了缓解。但洞窟潮湿酥碱问题仍然是损坏壁画和彩塑的一大环境问题，须进一步控制窟前地下非饱和水向洞窟方向的运移。

进一步清理靠近石窟文物崖体的引水渠道，靠近石窟文物60 m范围内绿化灌溉方式全部改为滴灌，并严格控制滴灌水量。同时，开展控制地层非饱和水运移技术研究，采取措施阻断地下水向洞窟方向的运移。

1.5.3.3　做好洞窟崖体及30 m范围的防水防渗

对存在漏雨或雨水渗透隐患的薄顶薄壁洞窟需要进行加固和防雨修缮，对洞窟围岩卸荷裂隙进行封堵，杜绝雨水渗漏损害文物的现象。

修筑窟顶、窟前雨水收集及安全排水系统，防止雨水对石窟文物的侵害。做好洞窟崖体前30 m范围内场地防水排水措施，完善窟前雨水防渗、引排工程措施，使降水和其他积水能及时排走。采用防渗透气材料或措施处理洞窟崖体前地面，避免混凝土地面的锅盖效应，使地下水汽通过自然蒸发逸散，以减少地下非饱和水向洞窟方向的运移。

1.5.3.4　实施窟区"三控"

前面已述，莫高窟之所以能够比较完整的保存到今天，主要是得益于干旱的气候环境，稳定的地质环境，偏僻的社会环境。为了继续保护好莫高窟文物和窟区环境，应当在景区长期实行"三控"，即控制人数，控制用水总量，控制绿化面积。

（1）按照莫高窟游客容量、环境容量为基准，控制或减少窟区常驻人员数量和其他各类工作人员的数量，控制旅游旺季游客量，同时控制窟区资源和能源的消耗量。旅游开发必须以文物安全为前提，以景区生态环境安全为前提。

（2）严格控制莫高窟用水总量，大力提倡节约用水，有效开发利用大泉河水资源，不宜盲目向莫高窟区调入外来水源，以防窟区水环境变化对石窟文物保护产生不良影响。

（3）控制莫高窟绿化面积，保持现有24 hm²绿化面积基本稳定，优选绿化树种，控制绿化灌溉水量，保持窟区微型绿洲生态结构稳定。

1.5.4 窟区污水资源化利用

要做好窟区污水处理与再利用工作，一是建设窟区排污管道和污水处理设施，二是建设污水资源化利用的配套设施，同时要强化管理，节约用水，提高用水效率。对于排污管道和污水处理设施建设可采用目前已成功用于废水产量较小的单体建筑设施中的地埋式污水处理设施。

地埋式生活污水处理装置（图1-21），具有以下主要优点：

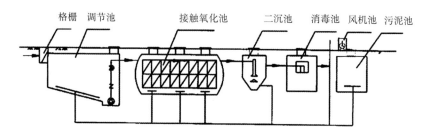

图1-21 地埋式生活污水处理装置示意图

（1）设备可埋在地表以下，占地面积小且隐蔽，掩饰效果好，不需采暖及保温，基本不受气候的影响，适合旅游景区使用。

（2）设备内部有污泥处理系统，外排泥量较少，而采用一般构筑物处理则需专门设置污泥处理系统。

（3）对周围环境影响很小，全封闭结构，处理无异味，设备顶部覆砂土后恢复地形原貌，且管理方便，全自动控制，不需专人看管，从而也可降低运行费用。

（4）施工方便，设备购置后只需将它埋入地下，连接好管道即可投入运行。

（5）该设备最大污水处理规模为1000 m³/d，可满足莫高窟污水处理需要。废水经处理后，大部分污染物指标可达到《污水综合排放标准》（GB 8978-1996）中的一级标准，可以安全排放或回用于绿化灌溉。

第二章　榆林窟景区水环境

　　榆林窟（图2-1）是敦煌莫高窟的姊妹窟，它的壁画艺术是敦煌石窟艺术中不可或缺的重要组成部分；它和莫高窟都是1961年国务院第一批公布的全国重点文物保护单位，虽然行政区处于甘肃省瓜州县境内，但该石窟比邻敦煌市，石窟建造历史、建造风格与莫高窟相似。长期以来，敦煌研究院负责对榆林窟的保护管理和研究，所以本书把榆林窟统一列入敦煌学系列文化遗产来叙述。

图2-1　榆林窟全景

2.1 榆林窟概况

榆林窟位于甘肃省河西走廊西段，瓜州县（原安西县）城南 70 km 的榆林河峡谷中，地理坐标 E95°53′51″～95°58′45″；N40°05′60″～39°57′77″，海拔 1650～1750 m。距敦煌市公路里程约 135 km。榆林窟向北西 4.5 km 为蘑菇台子、5 km 为东巴兔山，向东南 35 km 为石包城，周围 30 km 以内是岩漠、戈壁滩地貌景观。窟区以东 400 m 处有双石公路通过，交通比较方便。

榆林窟是中国中晚期一处重要的佛教石窟寺遗址，创建于公元 7 世纪，即唐代初期，现存 43 个洞窟，分布在长约 500 m、高约 15 m 陡立的河谷两岸崖壁上。其中，东崖 32 个洞窟；西崖 11 个洞窟。洞窟现存壁画总面积约 5200 m²，彩塑 200 余身；窟前有塔、化纸楼等土建筑 21 座（图 2-1、2-2、2-3、2-4）。

图 2-2　榆林窟东崖

图2-3　榆林窟西崖

图2-4　窟前舍利塔、化纸楼土建筑

　　榆林窟第6窟为大型洞窟，位于东崖中部，建于唐代前期，为穹窿顶大佛窟，主室前壁上部开券顶明窗，外接平顶前室，前室有券顶甬道通向外面。主室正壁塑24.7 m高的倚坐大佛，面相丰满，颌有三道纹，身躯雄健，气势恢宏。大佛像的彩绘涂金为清嘉庆年间装銮。该洞窟虽经历代重绘，但彩塑大像仍然保持唐代风格，洞窟形制未改。

　　榆林窟壁画基本内容有经变画、尊像画、佛教史迹画、供养人画像、装饰图案画等。经变画内容有显宗的观无量寿经变、弥勒经变、梵网经变等近二十种；密宗有如意轮观音、不空罥索观音、千手千眼观音、十一面观音、水月观音、八大菩萨曼荼罗等经变。尊像画涵盖了显密二教的佛、菩萨、天王等。佛教史迹画表现佛教圣迹和佛教史上的传说故事，其内容包括佛教圣迹、传说故事、感应灵验故事、瑞像等。供养人画像有曹氏政权的几代归义军节度使及与他们联姻的少数民族政权甘州回鹘、于阗公主供养像，与曹氏联姻的少数民族政权统治者以及他们的夫人供养像，曹氏画院匠师的供养像。这些画像及榜书题名都是研究历史的重要资料，为我们认识当时画院制度提供了重要的依据。装饰图案以窟顶藻井图案为代表，藻井中心的方井绘不同类型的曼荼罗，在有的曼荼罗内还装饰藏传佛教特有的装饰纹样卷涡纹，方井四周边饰层次繁多，满布于窟顶四坡。边饰有几何纹，禽兽花草纹，圆环套联纹，最下部的垂幔纹以布幔、五彩垂带、串珠纹组成。

　　值得一提的是榆林窟西夏时期洞窟（2窟、3窟）经变画中的汉密水月观音经变、普贤变中还出现了唐僧取经图。它是目前所见最早的以绘画形式表现唐僧取经这一著名历史故事图案。

　　榆林窟的洞窟数量和壁画数量虽少，但制作精良，风格多样，保存较好，它是丝绸之路上重要的历史文化遗址之一，是敦煌石窟艺术的重要组成部分，是了解中西方文化交流以及西域少数民族之间关系的信息来源地之一，是藏传佛教传入并在中国发展成为重要的宗教信仰的实物资料，为了解古代中国的社会生活方式提供了丰富的素材信息，尤其是晚期石窟艺术为中国同期石窟艺术的珍品。

1961年，榆林窟被国务院公布为全国重点文物保护单位。榆林窟的保护、研究、管理业务归属敦煌研究院，窟区设置有专门机构——榆林窟保护管理所，负责石窟文物的安全、监测、日常管理和游客接待等工作。

2.2　榆林窟自然环境特征

2.2.1　气候特征

榆林窟气候的特征表现为夏季炎热，冬季寒冷，风沙多，温差大，降雨稀少，蒸发强烈，属典型的大陆性气候和温热沙漠气候。据榆林窟附近的蘑菇台站气象资料，该地区多年平均气温6.7 ℃，历年极端最高气温35.5 ℃，极端最低气温-30.4 ℃，多年平均降水量63.2 mm，降水主要集中在5、6、7、8四个月，占全年总降水量的66.7%。多年平均蒸发力3020.2 mm，干旱指数为25，为严重干旱气候。多年平均风速3.9 m/s，历年最大风速为21.0 m/s，最大冻土深146 cm，相对湿度42%，无霜期为210天左右。

2.2.2　第四纪地质与地貌特征

榆林窟区出露的地层为第四系地层，按其成因时代不同可划分为以下几层：

（1）下更新统玉门砾岩（Q_1）：分布于窟区上游榆林河电站尾水出口两岸及河床部位，呈巨厚层状或块状，钙质胶结，成岩程度较高，质地坚硬。

（2）中更新统酒泉砾岩（Q_2^{pl}）：分布于榆林河两岸，厚25～40 m，泥钙质胶结，粒度成分和胶结程度在垂直方向具有差异性，该地层与下伏Q_1玉门砾岩之间有一沉积间断面，故两者呈不整合接触关系。榆林窟的所有洞窟均开凿在中更新统酒泉砾岩（Q_2^{pl}）组成的崖体上。

（3）上更新统戈壁组砂砾石层（Q_3^{pl}）：分布于河谷两岸戈壁砾石平原区，泥质微胶结或松散结构。

（4）全新统冲洪积砂土及砂砾石层（$Q_4^{al\sim pl}$）：分布于河床，漫滩及Ⅰ、Ⅱ级阶地区。砂土主要见于阶地上部，厚1～25 m，土质疏松，多见夹层，不均匀；砂层主要见于窟区下游阶地上部，多为洪水淤积，结构疏松或松散；砂砾石层位于河床及阶地下部，厚0.5～2.5 m不等，结构松散，以细砾为主，磨圆较好，分选性差，不均匀系数大于25。

（5）全新统坡积层（$Q_4^{col\sim dl}$）：分布于河谷两岸陡崖坡脚，由砂砾石，胶结砂砾石团块及孤石混合堆积而成，结构松散，厚度变化大。

榆林窟区的地貌可分为河谷地貌和两岸戈壁砾石平原区地貌，海拔高度在1706～1760 m之间。榆林河河谷总体走向NW310°～NW330°，河谷宽150～200 m，切割深度30 m左右，谷底宽30～100 m。在窟区上游的榆林河电站尾水出口及下游的野狐洞河段狭窄，宽仅 10～20 m。河谷两岸大部分地段陡壁直立，部分地段呈悬崖状或因坡积覆盖而呈 30°～50°的陡坡。两岸发育有宽 3～5 m，深 3～10 m 的"V"形冲沟，呈陡峭直立形状，走向与岸边近乎垂直。榆林河谷两岸有零星分布的高漫滩及Ⅰ、Ⅱ级阶地，但面积都比较小。

戈壁平原地貌实际上是南部祁连山沟谷洪流形成的冲洪积扇联合体，亦称山前洪积裙或山前倾斜平原，主要物质成分是第四纪的砾岩和砂砾石层，地面总体上比较平坦，地面坡度 0～5%，由南向北倾斜，坡度逐渐变缓，地面细土沉积逐渐变厚。

2.2.3 土壤与植被

榆林窟所在区域以戈壁砂砾为主，细颗粒物质和土壤分布很少，只有在榆林河谷Ⅰ、Ⅱ级阶地和相对低洼地带，零星分布有厚度小于 100 cm 的土壤层，土壤类型有风沙土、草甸土、沼泽土和盐土。

干旱的气候和戈壁地貌，决定了榆林窟及其周围植被稀少，仅在河谷和一些低洼地有植被零星分布，植被种类主要是榆树、胡杨、红柳、白刺、盐梭梭、苏枸杞、冰草等。

2.3 榆林窟降水环境特征

榆林窟多年平均降水量仅有 63.2 mm，降水主要集中在 5、6、7、8 四个月，占全年总降水量的 66.7%。降水形式多以阵雨、暴雨为主，年际年内变化较大，水文站气象要素统计见

表2-1。

表2-1　榆林河蘑菇台水文站气象要素表

项目	单位	月份												多年平均数
		一	二	三	四	五	六	七	八	九	十	十一	十二	
多年月平均降水量	mm	3.6	2.3	2.0	4.9	8.9	6.9	14.5	11.8	2.7	2.6	1.3	1.6	63.2
多年月平均蒸发量	mm	44.7	69.8	188.8	312.3	442.7	464.9	433.7	419.6	313.1	202.0	79.0	49.4	3020.2
多年月平均气温	℃	-12.5	-6.9	2.4	8.5	15.1	20.5	22.4	21.1	15.0	5.9	-3.1	-8.4	6.7
多年月平均风速	m/s	2.4	2.7	3.4	3.0	3.6	3.4	3.1	3.1	3.0	2.5	2.4	2.3	2.9
多年月平均相对湿度	%	38	44	39	34	33	38	40	50	50	40	50	44	42
多年月平均日照时数	h	233.8	237.1	257.1	261.1	301.1	322.0	333.9	308.1	300.2	263.6	214.5	232.7	3260.0

从上表可以看出，榆林窟地区多年平均降水量虽然只有63.2 mm，属干旱区，但是降雨主要集中在夏季，以阵雨或暴雨形式出现，干燥的气候和强烈的蒸发，又是降雨的主要消耗形式。冬季少量的降雪，因寒冷的气候难以消融，也渐渐消耗与蒸发了。所以，该区域稀少的大气降水，很少产生入渗补给地下水，也很少形成地表径流。可是，就是这稀少的降水，也会在榆林窟窟顶戈壁形成向洞窟运移的非饱和水，会造成洞窟潮

湿，甚至使上层薄顶洞窟局部产生缓缓渗出的滴水，对洞窟壁画、彩塑造成损害。

榆林窟南部祁连山区的大气降水多年平均在300～400 mm，每年夏季都有2～3次强降水过程，雨洪汇集在榆林河倾泻而下，易造成榆林窟区洪水泛滥，给石窟文物保护和游客安全造成严重威胁。

2.4　榆林窟水文与水环境

榆林窟景区的河流叫榆林河，它是河西走廊西段疏勒河的一级支流，发源于祁连山区大雪山北坡冰川群，其融雪水渗入洪积层，经长距离的渗流和调蓄，在石包城一带以泉水出露，汇集成泉水河后流入瓜州县境内。榆林河全长118 km，流域面积5494 km²，瓜州县境内流域面积3554 km²。据榆林窟下游4 km处蘑菇台水文站1955—1967年资料，榆林河多年平均流量为1.77 m³/s，平均径流量为0.5184×10⁸ m³，多年平均输沙量为17.33×10⁴ t。榆林河属冰雪消融入渗的地下水补给类型，所以径流比较稳定，年内年际变化很小，C_v值仅为0.09。

为了调节榆林河径流量，保障瓜州县踏实乡一带农田灌溉，1974年建成榆林河水库，据水库下泄水量监测资料，平均多年径流量为0.48×10⁸ m³。水库测得的径流量小于蘑菇台水文站测定径流量的原因，主要是榆林河深切于透水性能较好的冲洪积砂砾石层中，从蘑菇台至水库8 km河段及水库的渗漏损失比较严重所致。

据榆林窟河段水质监测，榆林河水矿化度为654 mg/L，属淡水；但水的pH达到饮用水的上限（pH=8.5），钠离子含量超出了饮用水标准。

2.5　榆林窟地下水环境

从大地构造来讲，河西走廊狭长的平原带被若干北西向或近东西向的基底隆起带分割成许多构造盆地，这些盆地可分为紧靠祁连山的南列盆地和靠北山区的北列盆地，由东向西，南列盆地有武威盆地、张掖盆地、酒泉盆地、玉门–踏实盆地、阿克塞盆地。北列盆地有民勤盆地、金塔–花海盆地、安西–敦煌盆地。河西走廊的石羊河、黑河、疏勒河三大流域的发育发展受构造盆地的控制，河西走廊的地下水赋存、补给、径流、排泄也受这些构造盆地的严格控制。

榆林窟所在地域属河西走廊西端的南列盆地玉门–踏实盆地中的踏实盆地。进一步从构造特征来看，踏实盆地内又发育着呈北东向排列的几个坳陷带、隆起带，它们自北向南依次为安西槽地、北截山（乱山子）隆起带、踏实槽地、南截山（东巴兔山）隆起带、榆林窟槽地。两个隆起带为基岩山区，地层为前震旦系敦煌群。两个槽地为相对平坦的开阔小盆地，接受了数米至数百米厚的第四纪沉积层，为孔隙地下水提供了赋存空间。

榆林窟、蘑菇台一带属榆林窟槽地（也可称为榆林窟盆地），其基底以第三系砂砾岩、泥岩为主，盆地内接受的第四纪沉积物有下更新统（Q_1）玉门砾岩，中更新统酒泉砾岩（Q_2），上更新统（Q_3）砂砾石层和全新统松散冲洪积砂砾石和砂土层。地貌形态为剥蚀堆积垄岗状平原，海拔高度1600～1800 m，相对高差5～40 m，地形总体向北倾斜。

榆林窟地槽第四系沉积物来源于祁连山区，由发源于祁连山区的洪流出山口形成的若干个洪积扇相连接，组成了山前倾斜平原。靠近山前洪积扇顶部一带砾石颗粒粗大，透水性好，地面坡度大，随着距山区距离的增加，洪积扇组成物质的粒径逐渐变小变细，由砾石变为粗砂、细砂，直到洪积扇前缘变成细土平原。随着物质成分的变化，赋存于洪积扇的地下水埋深、径流条件、水化学成分也逐渐发生相应的变化。

榆林窟洪积平原东段，含水层为中、下更新统砂砾卵石层、砂砾石层等，下更新统砂砾卵石层为钙质胶结，呈浅灰色及灰白色，砾卵石呈浑圆状，直径一般在1～2 cm，大者在10 cm以上，其成分有石英岩、大理岩、混合岩、片岩、花岗岩等，砾卵石占70%，砂占30%。水位埋深变化大，南部地带大于100 m，向北至东巴兔山前小于20 m。含水层富水性中等，单井涌水量一般在100～500 m³/d。

榆林窟洪积平原西段，含水岩层亦为中、下更新统砂砾卵石层，砾石磨圆度中等，大小混杂，砂占20%，砾卵石占80%，泥质、钙质胶结，呈互层状，砾卵石成分复杂，有大理岩、变质岩、板岩、灰岩、花岗岩、片麻岩、闪长岩、片岩等。地下水富水性较好，单井涌水量可达500～1000 m³/d。地下水埋深，由南向北逐渐变小，向南埋深大于80 m，向北逐渐变小，到临近东巴兔山时地下水以泉水形式溢出。

　　榆林窟洪积平原地下水的来源主要是祁连山区冰雪消融和出山口河流的入渗补给，其次还有暴雨洪流的入渗补给。受洪积扇地貌的控制，地下水由南向北径流，渗透性能由南向北逐渐变小，水力坡度也逐渐变小，渗透系数由100 m/d左右逐渐变为每天数十米，再到数米甚至更小。由于南截山（东巴兔山）的阻挡，大部分地下水在山前溢出，小部分补给东巴兔山区基岩裂隙水。溢出地面的地下水除蒸发、蒸腾，剩余部分以地表径流和地下潜流形式，通过上口子沟、营湖峡沟、浪柴沟排泄补给踏实盆地地下水。

　　综上所述，可以看出榆林窟槽地（倾斜平原）地下水类型为孔隙潜水，含水层厚度比较大，水位埋深因洪积扇地貌和地形起伏变化较大。在榆林窟的西偏南5～10 km一带地下水相对丰富，水位埋深一般大于80 m，水质比较好，矿化度小于1.0 g/L，水化学类型属HCO_3-SO_4-Mg-Na型水，是开发利用地下水的有利地区。向北地下水埋深逐渐变浅，临近东巴兔山的低洼地带，地下水以泉群形式溢出，形成了戈壁清泉、湖泊和湿地，为干旱戈壁区特色旅游开发提供了得天独厚的条件。如浪柴沟泉水及湖泊，泉水流出量达29.29 L/s，水质矿化度0.8 g/L。

2.6　榆林窟水环境问题

　　虽然榆林窟属干旱的内流域地区，水环境特征表现为降雨稀少，且主要集中在夏季，以来势凶猛的暴雨形式出现。石窟景区唯一的地表径流榆林河为一条很小的内陆河，多年平均流量仅为 1.77 m³/s，平均径流量为 0.5184×10⁸ m³，并且每年夏季有洪水，冬季有冰凌。地下水资源贫乏，埋藏较深，远离社会经济区，开发利用受到限制。不论地表水还是地下水，均表现出数量少，水质溶解性总固体含量高、硬度大、偏碱性的特征。受这种水环境特征的影响，榆林窟也面临着不少的水环境问题。正确认识这些问题的产生、发展及其对石窟文物的危害，进而采取有效措施来解决这些问题，对榆林窟文物长期稳定保存和合理开发利用具有重要的作用。

2.6.1 窟顶降水渗漏问题

榆林窟窟顶地面是比较平坦的戈壁，大气降水，尤其是强降雨很容易在窟顶戈壁形成积水，这些积水可通过戈壁砂砾石层垂直向下入渗，以饱和、非饱和水形式运移到洞窟，对洞窟壁画、塑像产生破坏。另外，部分雨水还可以沿洞窟崖体裂隙、崖面小冲沟进入洞窟，同样使部分壁画和雕塑遭到水患病害。

降水进入洞窟造成的水患病害主要有：

（1）壁画软化、鼓起、剥落。

（2）岩体软化、剥落、掉落（图2-5）、坍塌。

（3）盐分发生表聚，洞壁泛白，壁画酥碱（图2-6）。

（4）洞窟湿度增加，引起壁画霉变。受窟顶降水渗水影响严重的洞窟是第6（图2-7）、17（图2-8）、23、25、31、33窟。

图2-5 第17窟掉落的壁画

图2-6 第16窟主室下部酥碱泛白壁画

图2-7　第6窟顶部渗水危害

图2-8　第17窟顶部崖体渗水

2.6.2 暴雨冲击洞窟崖体砂砾石脱落问题

榆林窟的暴雨来势凶猛，豌豆大的雨滴拍打在泥钙质胶结的砂砾石崖面，具有较强的冲击力，造成洞窟崖体面上的砂砾石脱落，对洞窟崖体造成突发性破坏。尤其是强烈暴雨和冰雹，对洞窟崖体更具有破坏力，可造成崖面砂砾石大量脱落，在崖体栈道、崖体底脚形成堆积，严重影响石窟文物安全和游客参展（图2-9）。

图2-9　第19窟前栈道堆积的砂砾石

例如，2011年6月16日，一场50年一遇的暴雨袭击了榆林窟，造成洞窟崖体大量砂砾石脱落，在洞窟崖体前长150 m、宽5 m的范围布满了落石落砂。一层洞窟2～6窟窟前建筑、舍利塔和地面上脱落砂砾石堆积层厚1～5 cm不等。二层12～29窟栈道和廊檐上也堆积了大量剥落的砂砾石，栈道被砂砾石完全覆盖，堆积厚度达8 cm，廊檐被落石砸坏（图2-9、2-10）。

图2-10　第25窟道路堆积的砂砾石

2.6.3　窟顶边缘缓坡冲刷问题

在榆林河两岸洞窟崖顶边缘缓坡均有冲沟发育，东、西崖体规模较大的冲沟共有10余条。其中东崖就有8条。冲沟由大雨、暴雨汇流冲刷形成，这些冲沟将窟顶边缘缓坡沿纵深方向逐渐形成大小不等的"V"形谷（图2-11）。由于崖顶缓坡部位的砂砾石结构比较疏松，降雨强度较大或时间较长时大量泥土和砾石被雨水从冲沟顺崖面冲刷而下，造成崖体砂石在短时间内大量脱落，其效应是加速了崖体表面风化。冲沟不断扩大，上层洞窟的窟顶越来越薄，其危害是降水通过冲沟和裂隙渗入

洞窟地层中，进而渗入洞窟，使石窟文物遭到毁坏。其中，最为严重的是37窟北侧冲沟，已对石窟文物安全和游客安全构成威胁。

图2-11　第17窟窟顶冲沟

2.6.4　洪水与冰凌

榆林河几乎每年都发生洪水，有记载的对石窟文物造成威胁的大洪水发生过多次。第一次是1911年，洪峰流量达516 m³/s，在榆林窟第6窟前河谷断面的洪峰水位达1718.82 m，造成榆林窟第6窟被淹。第二次发生在1933年，洪峰流量为417 m³/s。

2000年6月27日，因连续4天降雨，导致榆林河发生洪水，在第6窟断面洪水水位达1717.14 m，由于管理人员及时抢险防洪，才使榆林窟幸免于难。

2011年6月15日夜间，酒泉市西南部的敦煌市、阿克塞县、肃北县、瓜州县等地区遭受暴雨袭击。这次降雨强度显著超过了连续1个小时16 mm、连续12个小时30 mm和连续24个小时50 mm的暴雨强度，其降雨量大于该地区多年平均年降水量。推断这次暴雨属50年一遇的强降雨。瓜州县境内持续降雨12个小时左右，降水量达11.68 mm，榆林河形成比较大的洪水（图2-12、2-13）。

图2-12　2011年6月16日榆林河洪水

这次暴雨对榆林窟造成的破坏主要表现为：

（1）窟顶戈壁地层含水量迅速增加，洞窟渗水问题加剧。

（2）第17窟顶部一块壁画脱落，损失不可弥补。

（3）洞窟崖体表面因暴雨冲击砂石脱落，部分栈道被砂石堵塞，部分廊檐被石块砸坏。

图2-13　强降雨造成窟前积水

（4）洞窟崖体坡脚产生小型泥石流，窟区南边道路受阻。

（5）窟区雨水和泥沙严重淤积，排水通道被阻塞。

（6）通往西崖的过河小桥被洪水淹没。

（7）照壁基础和窟前舍利塔严重浸泡（图2-14a、b），对其稳定性造成影响。

2011年6月16日突发的暴雨、洪水，不仅发现了榆林窟保护中存在的问题，而且这些问题对石窟文物的直接影响和潜在影响也暴露无遗。暴雨、洪水的发生是迅猛的，对榆林窟文物造成的直接影响是短时间内形成的，其损失是比较严重的，对石窟文物的间接影响是缓慢的、长时间的，其累计损失也是相当严重的。可见，采取有效措施治理榆林窟暴雨、洪水危害，不仅要消除其直接影响，也要消除其间接影响。

a   b

图2-14　照壁立面基础被雨水浸泡和舍利塔底部遭洪水浸泡

除洪水之外，榆林窟还受到榆林河冰凌的威胁。在每年初春季节，榆林河冻结的冰层开始消融，形成的冰凌沿河谷顺流而下，流经榆林窟窟区往往导致水流壅塞，严重时冰凌会壅上窟前阶地，甚至侵入到下层洞窟。如2002年3月，榆林河发生数十年不遇的冰凌，使榆林河严重壅塞，冰凌侵入到窟前台地，淹没损害了窟前人工建筑物，并逼近底层洞窟，幸亏及时采取了应急疏通措施，才排除了险情。

2.7　榆林窟水环境治理对策与措施

从榆林窟水环境问题对石窟文物的危害性来看，窟顶降水渗漏是造成洞窟潮湿、壁画空鼓、脱落掉块、酥碱的主要因素，暴雨及冰雹冲击是加速洞窟崖面砂石脱落的元凶，雨洪导致冲沟发育是对洞窟崖体的突发性破坏，也是降水进入洞窟的通道。因此，榆林窟水环境治理的重点是窟顶降水防渗和暴雨洪流及崖体冲沟。

2.7.1 窟顶戈壁降水防渗

2.7.1.1 窟顶降水防渗工作回顾

为解决降水渗漏对榆林窟造成的危害，保护石窟文物的安全，在榆林窟东崖窟顶先后进行过三次雨水防渗工程，前两次防渗工程都因种种原因而未能达到预期的目的。第三次防渗工程正在运行中，其防渗效果已经显现。

第一次防渗工程是1990年在东崖窟顶戈壁4661 ㎡的范围内建造了厚度20 cm的混凝土作为防渗层，在其东边修筑了与防渗层配套的混凝土排水渠。由于混凝土防渗层覆盖面积较大，在当地温差变化大的气候条件下，混凝土防渗层的热胀冷缩作用强烈。因此，防渗层建成不久就出现了许多裂缝。一遇降水，混凝土表面形成面流和积水顺裂缝渗入，其结果是防渗层不但没有起到防止雨水入渗的作用，反倒成了降水汇集面，提高降水产流率，使汇集的降水集中沿混凝土裂缝渗入到洞窟地层。更为严重的是进入洞窟地层的水在混凝土防渗层的屏蔽作用下不能蒸发逸散，导致水分向洞窟运移。由此造成部分洞窟渗水严重，潮湿度增加，引起窟顶壁画、岩体软化剥落，对文物造成严重损害。如第6窟窟顶渗水引起岩体软化，发生掉块，导致塑像面部擦伤，第 17 窟窟顶约 1.5 ㎡ 的壁画脱落摔碎等。

第一次建造的混凝土防渗层工程未能收到预期效果的原因，主要是对防渗层方案未进行充分论证，对窟顶地质状况没有做很好的调查，对施工技术把关不严。

第二次窟顶降水防渗工程为三合土防渗层建造。由于第一次混凝土防渗层没能起到防止降水入渗的效果，暴露出的问题比较明显。1995 年 7 月经现场调查和专家论证后做出决定：揭去原来的混凝土防渗层，建造三合土防渗层。

1995 年 8 月，揭去了 1990 年在窟顶戈壁浇注的 4661 ㎡ 的混凝土防渗层，按照专家的论证意见，在整个窟顶 4600 ㎡ 的范围建造了厚度为 20 cm 的三合土防渗层。防渗层西高东低，表面坡度为 2.5%，防渗层的东部边界和南部边界与混凝土建造的排水沟相连。

遗憾的是三合土防渗层仍然没有起到应有的防渗效果，没有达到窟顶戈壁降水防渗的预期的目标。主要原因是三合土防渗层的砂土原料取自当地，砂土本身含盐量较高、黏粒含量低，砂：土：石灰比例的合理性缺少实验依据；加之施工不够规范，三合土防渗层面不够平整，坡度控制不严格，存在低洼集水带。降水季节的坡面流不能及时排走，反而渗入三合土中使其中的盐分溶解，雨后蒸发干燥时盐分又重新结晶。如此反复使得三合土层变得疏松，根本起不到防止降水入渗的作用。

榆林窟窟顶先后进行的两次降水防渗工程都没有达到预期的效果，虽然有技术上和施工中存在的问题，但实施过程及经验教训足以说明该工程不同于普通的建筑工程，而是一项具有

特殊要求的防渗工程。要彻底解决窟顶降水防渗问题确实有一定难度，给再度设计、再度施工提出了更高的要求和更严格的考验。

2.7.1.2 窟顶降水防渗的基本要求

在认真总结榆林窟窟顶降水防渗工作的基础上，通过进一步开展当地自然环境调查和洞窟地层水文地质特征研究，得到的初步调查结论是榆林窟洞窟渗水的主要来源是窟顶降水，渗水途径是通过砂砾石层（洞窟地层）向洞窟运移，运移形式以非饱和水为主，在一次降水量较大时也存在少量、局部地带有饱和水渗透。

每次降水初期在窟顶戈壁入渗，首先要使戈壁砂砾石含水量达到持水度，进而产生重力水向地层深部渗透。当大气降水停止后，渗入到窟顶戈壁地层的水分转为向大气蒸发，地面表层的水分蒸发逸散很快，较深部地层中的水分在毛细力作用下，又向上部运移补充地面蒸发。当然，超过蒸发临界深度的水分，仍然在洞窟砂砾石层中延续以非饱和水为主的三维运移。针对大气降水在榆林窟窟顶戈壁砂砾石中的入渗及其在洞窟地层中的运移规律，作者认为要构建窟顶降水防渗层，就必须满足以下基本要求：

（1）既要防渗，又要透气。要求构建的防渗层能够彻底阻隔大气降水从窟顶戈壁向洞窟地层的入渗，同时又不阻挡洞窟地层中水分的蒸发，使洞窟地层中的水汽顺利地向大气逸散。

（2）不改变窟顶原来的自然风貌。要求防渗层隐蔽，不改变原有的地貌形态，窟顶降水防渗区表面景观保持与周围戈壁风貌相同，与区域自然景观相和谐。

（3）稳定性与耐久性良好。要求人工构建的降雨防渗层，不仅要牢固、稳定地敷设在窟顶戈壁滩上，能够抵御当地强风暴雨的袭击，还要采用经久耐用的材料，具备抗风化、抗腐蚀的能力。

（4）尽可能采用天然材料。为了文物环境的安全，以防造成污染，防渗层的制作应以天然材料为主，尽可能少用和不用有机合成材料。

（5）防渗层设计、制作合理可行。防渗层的设计必须符合文物保护工程的标准与要求，经济上合理，技术上可行，便于施工，便于管理。

2.7.1.3　窟顶防渗层构建

根据榆林窟窟顶降水防渗层设计的基本要求，首先寻找一种不透水的材料（防水卷材）作为防渗层和固定板材，为了不增加洞窟顶部的负荷尽量选择轻型板材料。考虑到洞窟地层水汽蒸发不受影响，可以将防渗板材架空20 cm，再加上若干通气孔，洞窟地层中的水汽就可以通过架空层和通气孔蒸发逸散到大气。构建的这种防渗层可称之为：架空式环氧轻质架桥多孔板-TPO防渗层。环氧轻质架桥多孔板（厚8 cm）的比重为0.3（仅为水泥板的1/8），承载力可在400～500 kN/㎡，可满足上部人工活动和承受人工推车荷载的要求。

环氧轻质架桥多孔板的寿命为50年以上，热塑弹性体TPO

的寿命在地面上为30年，在地面下为50年。

榆林窟窟顶降水防渗层的构建步骤如下：

（1）窟顶整平：揭去窟顶防渗区前期铺设的"三合土防渗层"，按原有地形整理成一个平面，其坡度要求与原有坡度一致，即西高东低，坡度2%；南高北低，坡度1%～2%。窟顶接受降水面流方向由西向东，坡度要求为2%。

（2）防渗层的做法：在整平后的窟顶防渗区，南北方向每隔120 cm、东西方向每隔100 cm浇注高20 cm、基础埋深20 cm、边长60 cm×30 cm的长方形支墩，支撑8 cm厚的环氧轻质架桥多孔板，架空的20 cm作为通风透气层。在环氧轻质架桥多孔板上铺设热塑弹性体TPO作为防渗层，其上再铺设厚度为5 cm的黏土和10 cm的戈壁砾石层。

（3）防渗层面的坡度要求与窟顶面一致：西高东低，坡度2%；南高北低，坡度1%～2%。坡度的变化要与地形相一致，但是，雨水面流方向的坡度不能小于2%。

防渗层在平面南北方向布设两排通风孔，每10 m设置一直径为10 cm的不锈钢管透气孔。

（4）防渗层周边结构：

①西边透气层开启，与石窟崖沿相一致，并且伸出崖沿线15 cm，以防降水入内。

②东边防渗层边界与排水沟连接，使防渗层上部的雨水集流顺利进入排水沟，通风透气层完全封闭。

③南边界修筑排水渠，防渗层边界略超出排水渠内边，通风透气层开启。

④北边地势较低，雨水自然外排，不会进入透气层，因此可使防渗层边界开启、直接外露。

在开启边界，为防止动物进入通风透气层，可采用抗老化能力强的防护网。

（5）排水渠设计：在防渗层的东边界设混凝土构件镶嵌而成的排水渠，其长度165 m，南边排水渠长度30 m，共长195 m。

架空式环氧轻质架桥多孔板–TPO防渗层设计方案于2017年实施，已有效发挥了榆林窟窟顶降水防渗的效果，透气性和洞窟地层水分的蒸发逸散功能也能正常发挥，保护石窟文物免遭渗水病害的效果已经显现。

2.7.1.4 防渗层备用方案

防渗层备选方案名称：压型不锈钢板防水防渗层。

榆林窟窟顶降水防渗备选方案是用压型不锈钢板材替代环氧轻质架桥多孔板–TPO防渗层，压型钢板的承载力为500 kN/㎡，集中荷载500 kN以满足上部人工活动荷载。压型不锈钢板具有很好的耐候性，抗紫外线性能、耐腐蚀性能强，使用年限超过50年。与环氧轻质架桥多孔板–TPO防渗层相比，除上述力学特点和造价有差别外，防渗层的具体做法基本相同。

（1）窟顶平整：将窟顶防渗区按原有地形整理成一个平面，坡度要求为西高东低，坡度2%～3%；南高北低，坡度1%～2%。坡度的变化与地形保持一致。

（2）防水防渗层做法：在窟顶防渗区平面铺设开孔的"工"字形不锈钢梁，南北间距1.0 m，东西间距2.0 m。将2000 mm

（长）×1000 mm（宽）×1 mm（厚）压型不锈钢板焊接在不锈钢梁之上。上面覆盖15 cm厚的戈壁砂砾石。考虑结构稳定性，"工"字形不锈钢梁之间焊接采用高强度防锈焊条。

（3）压型不锈钢板防渗层在平面每10 m×12 m设置一直径为10 cm的钢管透气孔。

（4）防渗层周边结构：

①西边透气层直接开启，与石窟崖顶沿相一致。

②东边、南边防渗层边界与排水沟连接，使防渗层上部的雨水顺利进入排水沟。

③北边地势较低，雨水自然外排，不会进入透气层，因此，可使防渗层边界直接埋入，并沿边界设置与防渗层相连的排水小凹槽，将雨水引入东侧的主排水渠道排走。

（5）在开启边界，为防止动物进入通风透气层，可采用铁丝网防护栏。

（6）排水渠方案：在防渗层的东边界设混凝土构件镶嵌而成的排水渠，其长度165 m，南边排水渠长度30 m，共长195 m。混凝土排水渠宜设置为"U"形状。

2.7.2 洞窟崖体冲沟治理

据统计榆林窟东崖顶部边缘斜面现有大小不等的冲沟8条，东崖坡脚分布有冲沟3～5条，这些冲沟的形成及危害。在前面已讲述。对这些冲沟治理以固化处理为主，同时将雨水收集和安全排放。

（1）东崖崖顶斜面及坡脚冲沟固化方案：顺冲沟砂砾岩表

面制作网眼为10 mm×10 mm防护网格，用300 mm微型锚杆（铆钉）将其固定，然后采用PS材料灌注或水泥浆液灌注，使表层约150 mm左右的砾石层固化，并将防护网隐蔽在其中。施工前，应选择数平方米崖体冲沟表面进行实验，优选浆液和施工工艺。

（2）降水收集导排方案：在冲沟表面制作防护网格之前，在网格下部埋入呈帚状分布的微型集水槽，将部分面流收集汇入冲沟口设置的导水管，这样既可以减小降水表面冲刷，又可以减少降水入渗，还可以将雨水安全收集进入导水管。微型集水槽可以用直径10 mm小管劈开制成，也可以委托厂家专门制作。窟顶冲沟导水管采用100 mm的PVC管，安装在冲沟口（或漏斗口），呈半隐蔽形式顺崖面而下，将雨水安全排放。坡脚冲沟排水汇入冲沟口集水池，与埋入地下的排水暗管相连，暗管采用管径为50 cm的钢筋混凝土管。所有雨水排水管汇集于窟前排水沟，最终排入榆林河。

对榆林窟西崖顶部戈壁降水的防治，可采用堵截和沟排处理措施，即在洞窟崖体顶部边沿以西50 m左右地带，修筑长度约120 m、高0.60 m的砂土坝，拦截降水坡面流。在第37窟北侧冲沟内铺设管径为150 mm的PVC集水排水管（长度为79 m或81 m），将西崖窟顶砂土堤坝拦截的降水坡面流及西崖窟顶汇集的雨水，安全排入榆林河。

西崖窟顶降水截流堤坝采用砂土就地取材，做到与当地戈壁景观完全协调一致。排水管道设施要相对隐蔽，对原有崖体尽量少干预，同时要考虑防水设施的可去除性及可逆性，为将来更科学、更合理的防水措施实施留有余地。

2.7.3　榆林窟洪水、冰凌的防治

榆林窟防洪措施采用传统的岸边堤坝，2002年按照百年一遇的洪水设计修筑了防洪堤坝，防洪堤坝对抵御榆林河洪水发挥了重要作用。2011年6月16日的洪水在窟区安全通过，没有对窟区文物及环境造成不良影响。2013年至2018年，在榆林窟保护基础设施建设过程中，对窟区河段防洪堤坝又进行了加固性维修，同时对榆林窟下游500 m河段影响行洪的坡积物、冲积物、植物等进行了清理，确保榆林河洪水、冰凌畅通无阻，使榆林窟文物和游客安全保障性能得到显著提升。

敦煌研究院在榆林窟防洪、防冰凌方面采取了管控措施，建立了防洪、防冰凌物资储备和预警系统。建立了行之有效的管理制度，要求在每年2月份，也就是冰雪消融的前期，对榆林窟保护区的河段进行防冰凌检查，清理河道内植物秸秆和杂物，清理影响河道畅通的坡积物。每年5月初，要对榆林窟保护区的河段进行防洪、行洪检查，对现有防洪堤坝的稳定性、安全性进行认真排查，对河道内影响行洪的植物和障碍物进行清理，保证行洪畅通。

第三章　月牙泉景区水环境

敦煌月牙泉（图3-1）是大自然的杰作，是极干旱沙漠带奇特的自然景观，是沙漠中的一颗璀璨的明珠，它以酷似弯月的泉湖水面和四周被沙山包围的奇特风貌著称于世。1994年敦煌月牙泉被国务院确定为国家重点风景名胜区，它与莫高窟一起构成敦煌两大重要的旅游胜地，吸引着众多的游客和有识之士前来观光、考察。

图3-1　敦煌月牙泉

3.1　月牙泉概况

月牙泉位于甘肃省敦煌市城区以南约5.0 km的沙漠边缘。地理坐标：北纬40°05′11.98″，东经94°40′09.99″，海拔高度1135 m左右。在地形上月牙泉处于一个北、西、南三面沙山环抱一面开口的半封闭洼地中，洼地南北宽290 m，东西长约500 m，总的地形特点是西南和北部高，中间和东部低。南北部为沙山，高出月牙泉水面100～200 m；西部为连接南北两沙山的沙梁，构成两沙山的鞍部，鞍部相对高差40 m左右；东北为向北折转、地形低平的开阔带，是从月牙泉通往敦煌市区的必经通道。

月牙泉周围的鸣沙山，属于低山丘陵风积地貌，古名沙角山，又名神沙山，其山西起党河峡谷出水口，东至莫高窟，东西绵延近40 km，南北广布约20 km，最高处为后山之西南峰，海拔1715 m，前山主峰1240 m，沙山底部为中更新统砾石层，其高低起伏主要受下部地形的控制，其形态既继承了古地形的痕迹，又有现代风沙地貌的特征。新月形沙丘分布较多，山形弯环，山脊如刃，景色十分壮观。游人登山下滑时沙随人顺山坡而下，因沙粒摩擦发出轰隆共鸣声，故称"鸣沙山"。

据文献记载，月牙泉最早记载在东汉辛氏的《三秦记》："河西有沙角山，峰峢危峻，逾于石山，其沙粒粗色黄，有如乾糒，又山之阳有一泉，云是沙井，绵历千古，沙不填之。"

在唐朝、五代时期，月牙泉仍称为沙井。敦煌遗书《沙洲郡督府图经》记载："鸣沙山中有井泉，沙至不掩，马践人驰其声如雷。"

清《甘肃省通志》记载："渥洼泉形式逼肖月牙，音也类似，故特转呼为月牙泉也。"《重修肃州新志》中《沙州卫志·月牙泉条》记载："（月牙泉）其水清澈，环以流沙，虽遇烈风，而泉不为沙掩，盖名迹也。"

据《敦煌市志》（新华出版社，1994）可知，在我国古文献上早有记载："鸣沙山有一泉水，名曰沙井，绵历古今，沙填不满，水极甘美。"泉内生长有"铁背鱼""七星草"，相传人食之可长生不老，所以此泉又以"药泉"之称。泉南岸高台地，原有古朴雅肃、错落有致的一组建筑。从东向西建有娘娘殿、龙王宫、菩萨殿、药王洞、观音堂、七真殿、雷神台、玉皇阁等庙宇百余间，泥塑百尊以上，庙内有清代所绘壁画数百幅，重要殿堂悬挂匾对、碑刻数十幅。其中较大的匾额有"第一泉""别有天地""半规泉""势接昆仑""掌握乾坤"等，其字结构严舒，笔画雅俊，堪称书法之上品。当时这里有亭台楼阁，庙貌辉煌，更有观亭廊庑，临水而设，景致幽雅，可供游人休息赏景。每逢庙会，人涌如潮，香火鼎盛。历代文人墨客，挥毫抒怀者不乏其人。

从上述文献记载可见，在新中国建立之前，或者说在20世纪60年代之前，月牙泉一直处于未受人为干扰的自然状态，其水面面积和水深随水环境的自然变化而变化，总体上变化幅度不大。如有关1965年前后对月牙泉水域面积大小的丈量记载是：月牙泉北弧长360 m，南弧长350 m，最大宽度大于50 m，最大

水深 7.5 m，平均水深约 5 m。这与清乾隆十六年（1751）王永璋作《月牙泉记并序》中所云："城南十里之外有一水湾，周迴千数百步"是基本相同的。因为千数百步即 1100 步，每步按 0.7 m 计，则为 770 m。与 360 m+350 m=710 m 相差无几。

1968 年 11 月，月牙泉南边台地上的亭台楼阁和庙宇被拆除，使这些伴随月牙泉的著名古刹毁于一旦。当年夏季，杨家桥公社鸣沙山大队，用 2 台 8 in（1 in=2.54 cm）离心泵同时抽取月牙泉水，连续抽水 20 天之久，水位稳定下降约 4 m，每天抽取水量 13400 m³。从此开始了人为活动对月牙泉自然生态环境的干预。

自 1968 年起，随着敦煌县人口增加和社会经济的发展，月牙泉受到了越来越严重的人为干预。敦煌盆地开始打井抽取地下水灌溉农田，开采量逐年增加，造成区域地下水位大面积下降，对月牙泉水环境造成了明显影响，其水位逐年下降。截至 1985 年，月牙泉水位累计下降 7 m 左右，水域面积大幅度萎缩，平均水深仅为 0.7～0.8 m，甚至在干旱年份出现水少见底的现象。这使得月牙泉是否会消失成为许多人关注的焦点。

面对月牙泉濒临干涸的危险，1985 年 7 月，敦煌县成立了修复月牙泉领导小组和月牙泉修复赞助活动委员会。同时，抽调专人进行规划设计、筹集资金等具体工作。

1986—1987 年，敦煌县实施了月牙泉抢救性保护一期工程，主要任务是月牙泉清淤，也就是掏泉工程。

1987 年，在月牙泉东北出口段的小泉湾，修筑了人工湖，这既是为了增加旅游观赏景点，也是保护月牙泉的需要。

1993—1994年，敦煌古典建筑工程公司在月牙泉南部高台地实施了古建筑恢复性建设工程，再现了月牙泉与岸边亭台楼阁和谐共处的特色景观。

从2000年开始，敦煌市政府更加重视月牙泉的保护，组织专业队伍寻求防治月牙泉萎缩的良方，通过几年时间的详细勘察，水文地质试验，分析论证，优化设计，拟定了在月牙泉周围采用渗坑、渗井注水补充地下水来防治月牙泉水位下降的应急方案。同时关闭月牙泉外围5 km范围内地下水开采井，以遏制地下水下降。

2007—2008年，在月牙泉外围0.15～1.0 km地带修建渗井、渗坑为月牙泉景区补充地下水的工程得到了实施。注水工程实施后的监测资料表明，月牙泉水位下降的态势得到了遏制，泉湖面积呈现稳定恢复，月牙泉水深从工程实施前的0.1～0.5 m上升到了1.0 m左右，水面面积恢复到了4500～6500 m²。截至2010年10月，月牙泉水位达到稳定，平均水深维持在1.7 m左右。可见，该项工程措施取得了预期良好的效果。

2010—2011年，月牙泉景区实施了游客接待中心建设和山门广场改造工程，将游客接待区、综合管理区有序搬迁到了景区山门外200 m地带，随后几年又对景区环境进行了整治，使旅游环境和游客接待条件得到了改善，管理水平得到了提高。

月牙泉作为自然旅游资源开发，始于20世纪80年代。1989年，敦煌市政府将鸣沙山月牙泉列为县级风景名胜保护区；1991年11月，敦煌市鸣沙山月牙泉被列为省级风景名胜区；1994年1月，国务院批准敦煌鸣沙山月牙泉为第三批国家重点

风景名胜区；2015年7月，敦煌鸣沙山月牙泉景区被批准为国家5A级旅游景区；2015年9月，鸣沙山月牙泉景区被列入"中国敦煌世界地质公园"；2016年1月，鸣沙山月牙泉景区获国家生态旅游示范区称号。

3.2　月牙泉景区水环境特征

3.2.1　降水特征

月牙泉位于中国西北内陆敦煌盆地的南部边缘地带，属沙漠干旱气候，区内具有空气干燥、降水稀少、蒸发强烈、冬寒夏酷、昼夜温差大、日照充足、辐射值高、风沙天气多等特点，属于典型的大陆性干旱气候区。

据敦煌市气象站提供的资料，区内年平均日照时数为3240 h以上，年平均气温为9.4 ℃，最高月（7月份）平均气温为24.9 ℃，最冷月（1月份）平均气温为-9.2 ℃，年平均气温相差34.1 ℃，年平均无霜期145天，绝对无霜期100天。

根据多年的降水统计资料，区内多年平均降水量不足40 mm（39.1 mm），蒸发力高达2487.7 mm（1951—1990年资料），蒸发力是降水量的62倍。降水的年际变化大，仅1992—1996年的5年间，最大年（1995年）降水量达到76.7 mm，最小年（1992年）降水量仅28 mm。年降水量主要集中在6、7、8三个月，其降水量约占全年降水量的75%，而1、2、11、12四个月的降水量一般不足6%。

该区素有"世界风库"之称，大风和沙尘暴频繁，常年多东风和西北风，4～9月份以东风为主，10～翌年3月份西北风频繁，一般风力2～4级，最大风速可达30 m/s，年平均风速在2.2 m/s以上，全年8级以上大风平均出现15～20次，最高达11级。

3.2.2　地表水环境特征

党河是区内唯一的一条河流，距月牙泉最近距离约3.5 km。该河发源于甘肃肃北县祁连山团结峰，靠冰雪融水补给。由于双塔-三危山中间隆起带的阻挡，河流出山后，沿隆起带向西径流，在沙枣园附近向东北折转进入敦煌市区，最终汇入疏勒河，河流全长390 km。

据沙枣园水文站（党河水库）多年观测资料，党河平均流量9.1 m³/s，平均径流量为2.992×10⁸ m³/a。一般3～5月份为冰雪融化期，6月份进入雨季，流量均有明显增加，7月份为全年最高流量期，8月份进入平水季节，11月至翌年2月为冻结期，即河流的最枯流量期。1975年10月党河水库建成以后，河水全部被截流入库，经党河水库调蓄后，按照农业需水要求有计划地被引入灌溉渠系，为敦煌农林绿洲提供可靠的水源，党河下游河床只在暴雨期和水库排沙期才会有暂时性水流。

1986年，敦煌市政府为了修复月牙泉，在月牙泉东北部300 m处的小泉湾修建了一人工湖，该湖面积为12600 m²，湖深4.2 m，蓄水容积5.29×10⁴ m³，湖底经人工防渗处理，每年由党河水库向人工湖输水4次。原设计通过两根100 mm暗管向月牙泉人工输水，因输水后损失较快，加之地表水与月牙泉水混合后，泉湖水质色泽浑浊，故于1992年停止输水。

3.2.3 地下水特征

据原地质矿产部兰州水文地质工程地质中心1998年钻探资料，月牙泉一带第四系厚度在650 m左右，地下380 m以内均为第四系松散堆积物，其中0～79 m为纯净的中细砂、中粗砂沉积，79～278 m为粉细砂沉积，278～380 m则由粉细砂与黏土层互层组成。这种结构单一，厚度巨大的第四系松散沉积物为地下水的赋存提供了空间。

月牙泉景区地下水类型为孔隙潜水，含水层主要为第四系中更新统（Q_2）冲洪积砂砾岩和上更新统（Q_3）冲洪积砂砾石层，厚度大约在230 m。地下水位埋深一般在0～20 m（不计沙山高度），含水层渗透系数在15～20 m/d，含水层有效孔隙度在0.14左右。

在地貌上月牙泉一带属党河冲洪积扇的右侧中上部边缘，地下水来源主要靠党河地表水渗漏补给，北部绿洲边缘带有少量农田灌溉水入渗补给。地下水流向大致与党河地表水流向一致，由西南向东北方向径流。地下水排泄方式主要是人工打井开采和局部浅埋地下水的蒸发、蒸腾排泄。

据1997—2003年月牙泉区域地下水取样分析，地下水的水质大多属矿化度<1.0 g/L的淡水，水化学类型为HCO_3-SO_4-Mg-Ca-Na型水，或HCO_3-SO_4-Mg-Na-Ca型水；仅部分地区分布有矿化度大于1.0 g/L的微咸水，水化学类型为SO_4-HCO_3-Cl-Mg-

Na型水，或Cl–SO₄–Mg–Na型咸水。地下水硬度为16.2～42.06 H°，属于微硬水到极硬水。月牙泉景区地下水质分布及变化特征是西南部好，东北部差；上游好，下游差；浅部好，深部差。如月牙泉西部的矿化度为0.55 g/L，到东部的小泉湾矿化度则增至为1.497 g/L；水化学类型由西部 HCO_3–SO_4–Mg–Na 型水、HCO_3–SO_4–Cl–Mg–Na 型水逐渐过渡到东部的 Cl–SO_4–HCO_3–Mg–Na 型水。

3.3 月牙泉的成因

据第四纪地层学分析，可推测月牙泉形成于晚更新世与全新世的过渡时期。月牙泉一万多年来水波荡漾，没有被风沙掩埋，真可谓一大奇迹。关于月牙泉的成因有多种说法，有沙漠地下水溢出泉，古河道残留湖，断层泉，风成湖等几种说法。实际上月牙泉的形成比较简单，说它是沙漠地下水溢出或古河道残留湖都有道理，都与月牙泉的实际形成比较接近。

根据多年的调查和勘察资料分析，月牙泉所在地貌位置处于鸣沙山之间的洼地，其地表海拔高度确实低于当地地下水的水位，因此造成地下水在这里出露，依地形形成近似月牙形的小型湖泊。所以沙漠地下水溢出成因之说是符合实际的。

从月牙泉所在地区水文地质条件来看，含水层由第四系粗砂、细砂和砂砾石构成，虽然有部分属风积成因，但主要含水地层是地表水冲洪积形成。即便是从地貌上也可以明显看出月牙泉所在地属于党河冲洪积扇的右侧边缘带，也处于大泉河冲

洪积扇的左侧边缘带，正好处在这两个冲洪积扇之间的洼地，冲洪积扇主要由地表河流在洪水期形成，在这里也是河流易发生改道的区域，因此，月牙泉为古河道残留湖或牛轭湖之说是有道理的。

结合月牙泉所处的地貌部位，综合以上两种成因之说，也可以得出月牙泉为"扇间洼地"成因。这是因为月牙泉西边有党河，东边有大泉河，这两条地表河流切穿了河西走廊中部的隆起带（三危山，图3-2），在出山口后分别形成了党河冲洪积扇和大泉河冲洪积扇，洪积物的不均匀性在这两个冲洪积扇之间形成了低洼沉积带，即"扇间洼地"。由于党河洪积扇中的潜水水位要高于"扇间洼地"的高度，导致地下水在这里露头形成了月牙泉。

图3-2　大泉河切穿三危山

总而言之，不论是沙漠地下水溢出、古河道残留湖成因之说，还是"扇间洼地"成因之说，它们认识的共同点是地下水在有利的低洼带溢出形成了月牙泉，也就是说月牙泉是敦煌盆地南部区域地下水的自然露头。

据第四纪地层学分析，可推测月牙泉形成的时代在晚更新世与全新世的过渡时期，距今大约12000年。

3.4 月牙泉与敦煌盆地地下水的联系

3.4.1 敦煌盆地水文地质概况

敦煌盆地是指河西走廊西段安西-敦煌盆地的大部分面积，主要地貌单元有党河冲洪积平原、大泉河冲洪积平原、疏勒河冲积-湖积平原和风积沙丘等。盆地南以三危山为界，北以一条山为界，南北宽约80 km，东西向延展220 km。盆地总的地势呈东南高西北较低，位于三危山前的党河冲洪积平原和大泉河冲洪积平原，海拔高度在1100～1400 m，以10‰～15‰的坡降由南向北倾斜。北部山前洪积平原海拔在1016～1240 m，以10‰～12‰坡降由北向南倾斜。中部冲积、湖积平原地势较低，海拔1000 m左右，以2‰～3‰的坡降由南向北倾斜。沿疏勒河谷地是盆地最低地带，以大约1‰的坡降由东向西倾斜。在盆地中部湖积平原上，分布着大小不等、形状不同的积水洼地，即敦煌西湖湿地。

敦煌盆地的基底岩层主要是新第三系疏勒河组泥质砂砾岩、

泥质粉砂岩和泥岩等，盆地南、北边缘地带的基底分布有古生代、中生代地层。盆地内沉积了厚度达数百米的第四纪沉积层。它们是下更新统玉门组（Q_1^{al-pl}）硅钙质胶结的砾岩；中更新统酒泉组（Q_2^{al-pl}）泥钙质胶结的砂砾岩、砂岩和相对松散的砂层、亚砂土层；上更新统（Q_3^{al-pl}）泥砂质胶结的砾石层、砂层、粉砂层和黏性土层；全新统（Q_4）松散的砂砾石层、砂层和黏性土层，还有风积砂层。

敦煌盆地的主要含水层是中更新统、上更新统砂砾岩和砂岩层，最大厚度在 300～360 m，地下水主要补给来源是党河，这条称得上敦煌盆地生命之源的河流系疏勒河的一级支流，发源于祁连山团结峰，经肃北县由南向北径流，在敦煌市北部汇入疏勒河，党河全长 390 km，汇水面积为 169700 km²。据党河沙枣园水文站 50 年的实测资料，党河多年年均径流量为 2.98 亿 m³。

敦煌盆地地下水的主要来源是发源于南部祁连山区的党河、大泉河及其他沟谷洪流出山口的渗漏补给，其次是农田灌溉水入渗及引水渠系的渗漏，还有南部山区少量基岩裂隙水的渗流补给。据敦煌水电局 1970 年在党河沙枣园断面和下游 29 km 的敦煌市城区河谷断面测流，获得党河水在这一段河床的渗漏率为 48%；1981 年 8 月，测得党河封神台至敦煌城区全长 12.5 km 的渗漏率为 47%。显而易见，党河水渗漏强度大，是敦煌盆地地下水的主要补给源。

敦煌地下水的径流方向和径流途径与地面河流、沟谷发育基本一致，受区域地质、新构造运动及党河冲洪积扇分布的控制，地下水主要径流方向是由西南向东北，渗流通过敦煌市区后转向北方和西北方向与疏勒河水系汇合。盆地南部冲洪积扇顶部和中上部由于沉积物以砂砾石为主，平均粒径大，透水性能好，渗透系数在30～50 m/d，到中、下部和洪积扇前缘地带，沉积物颗粒逐渐变小，以砂、粉砂及黏性土夹层为主，地下水渗透性能变差，渗透系数逐渐变为<10 m/d或更小。

敦煌盆地地下水的自然排泄是在盆地最低洼的疏勒河谷地及其湿地沼泽带溢出，同时还有地下水埋深小于蒸发临界深度地带的蒸发、蒸腾排泄。自20世纪70年代起，敦煌地下水的这种自然排泄逐渐消失，取而代之的是数以千计的抽水井人工开采。由于地下水人工开采量超过了补给量，造成地下水平衡破坏，导致区域地下水位大幅度下降。

敦煌盆地地下水的化学特征主要是具有明显的分带性特征。在水平方向上，盆地南部冲洪积扇顶部和中、上部水质好，矿化度小于1.0 g/L，水化学类型为重碳酸型的淡水或重碳酸-硫酸型淡水，到冲洪积扇中、下部冲积平原地带，地下水水质逐渐变差，成为矿化度1～3 g/L的微咸水，水化学类型为SO_4-Mg-Ca型水；再到盆地低洼带湖积平原区，地下水含盐量剧增，矿化度达到3～10 g/L，水化学类型为Cl-SO_4-Na型水。地下水化学成分在垂直方向的分带性比较特殊，主要表现在冲积、湖积平原及湖积洼地区，由于浅埋地带地下水的蒸发作用使其矿化度普遍增高，而深部的地下水不受蒸发的影响，所以表现为上部潜水水质较差，深层地下水水质反而比较好。

3.4.2　月牙泉在敦煌盆地的位置

从行政区划人居环境来看，月牙泉位于甘肃省敦煌市杨家桥乡，距敦煌城区以南 5 km 处绿洲与沙漠交接的边缘，南部是鸣沙山，北部是敦煌盆地绿洲。地理位置约为东经 94°40′20″，北纬 40°5′30″。

从地貌单元上讲，月牙泉位于敦煌盆地南部党河冲洪积扇平原的东侧，距现在的党河河床最近处的直线距离 3.5 km。月牙泉外围地形特点是南高北低，南部为蔓延起伏的鸣沙山，北部属于低缓平坦的冲积、湖积平原，东、西部分布有大泉河（西水沟）和党河洪流所形成的冲洪积扇，月牙泉正处于东、西两个冲洪积扇之间的扇间洼地中。

（1）鸣沙山，属低山丘陵风积地形，沙山南北宽 15～20 km，东西长约 40 km。海拔高 1280～1600 m，相对高差约 300 m，沙山因人为在坡面滑动时产生一种近似飞机的轰鸣声而得名。沙山起伏高低主要受下部地形的控制，其形态继承古地形的痕迹，又有现代风沙地貌的特征。

（2）党河冲洪积扇

党河冲洪积扇分布于月牙泉西边，扇顶位于沙枣园（党河水库）附近，沿河流的流向由南向北展布，扇顶海拔高程大约 1350 m，扇前缘海拔 1100 m 左右，轴线长度 42 km，地面坡度 8‰～10‰，相对高差约 250 m，横向宽度可达 50 km，扇面主要由戈壁砾石组成。

（3）大泉河（西水沟）冲洪积扇

大泉河冲洪积扇规模较小，扇顶位于莫高窟，海拔高度1350 m，扇缘位于G314国道一带，扇轴呈南北向分布，纵向长度约16 km，扇顶至扇缘相对高差约300 m。冲洪积扇横向宽约18 km，扇面总的地势特征与党河冲洪积扇相似，由南向北倾斜。

月牙泉在地形上处于一个北、西、南三面沙山环抱一面开口的半封闭洼地中，洼地南北宽290 m，东西长约500 m，总的地形特点是南北部高，中东部低。南北部为高耸的沙山，高出泉水面100～200 m；西南部被连接南北两山的沙梁所隔断，构成两山的鞍部，鞍部相对高差40 m左右，鞍部北侧为党河冲洪积平原；东北为一向北折转地形低平的开口，北与党河冲洪积平原相连；也是游客从月牙泉景区通往敦煌市城区的必经通道。

月牙泉位于南、北两沙山的中间，因其形态酷似一弯新月而得名。泉水常年清澈透底，湖岸芦草丛生。根据1997年8月13日测量结果，泉湖水位海拔标高为1134.24 m，湖面最大宽度33.5 m，泉湖南弧长223 m，北弧长240 m，最大水深1.58 m，水域面积5379.50 m²，在月牙泉的南岸分布有宽50～70 m，长约300 m的湖岸台地，台地面高出湖水面约11 m。

3.4.3　月牙泉与敦煌盆地地下水的水力联系

从党河冲洪积扇的纵向（轴向）来看，月牙泉处在扇形地的中上部；从横向来看，月牙泉处在扇形地的东边缘地带，党河现代河床也位于冲洪积扇的东侧。按照冲洪积扇地下水的特征，月牙泉所处地带地下水受党河水渗漏补给，径流条件良好，

水质与党河的水质比较相似。

1968年，敦煌杨家桥公社开垦荒地期间，利用月牙泉水资源作为农田灌溉水，采用了两台8 in（1 in=2.54 cm）离心泵同时从月牙泉抽水，连续抽水达20 d之久，每日抽水量为13400 m³/d，当时水深达7 m的月牙泉水位只下降了约4 m，然后水位基本保持稳定。由此，足以证明月牙泉的补给条件和径流条件很好，完全符合冲洪积扇上中部位地下水的特征，补给来源自然是党河水的渗漏。

1997年，甘肃省地质环境监测院在月牙泉周围东、西、南、北各打一眼地下水观测孔，表明月牙泉周围地下水位呈现西高东低的特征，渗流方向由西南向东北方向。月牙泉地下水的流动方向与区域地下水的流动方向一致。实测还表明，月牙泉附近的地下水水位在1131～1135 m之间，埋藏深度受地形的影响，在地形较高的曹家庄、月牙泉村一带，地下水埋藏深度大于22 m，小泉湾、秦家湾一带地下水埋藏深度逐渐减至14～16 m，在泉湖一带地下水溢出地表。

现场勘察表明，月牙泉接受地下水补给，由西南向东北径流的证据还有以下三点：

（1）由月牙泉周围钻孔水位绘制的地下水等水位线表明，西边水位明显高于东边的水位，水力坡度约为0.3%。

（2）冬季月牙泉西边的水面不结冰，而东边和中部水面结冰，这是因为西头接受恒温（约14 ℃）地下水溢出补给后，水流自西向东径流，受寒冷气候影响水温降低而结冰。

（3）1987年，敦煌市组织实施掏泉工程时，也证实地下水确实从月牙泉西边渗出补给泉水。显而易见，月牙泉属地下水的自然露头，泉水是流动的活水，它的径流方向与当地地下水径流方向一致。

为进一步证明月牙泉与敦煌盆地地下水的关系，我们收集了作者2005年发表在《兰州大学学报》的月牙泉水位与敦煌盆地区域地下水位变化关系图（图3-3）。

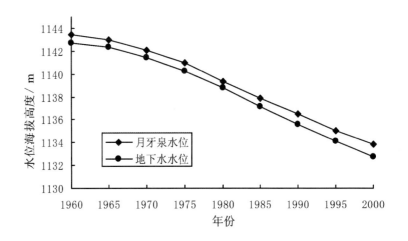

图3-3　月牙泉水位与敦煌盆地区域地下水位变化

由图3-3可见，月牙泉水位下降与敦煌盆地区域地下水位下降具有同步性，表明两者具有密切的水力联系，具有统一的水循环体系。月牙泉的确是敦煌盆地区域地下水的自然露头，是整个地下水系统的一个组成部分。

3.4.4　月牙泉水质与盆地地下水水质

据1985年、1987年7月、1997年7月、2003年多次月牙泉

取水样分析，充分说明月牙泉水质多年动态变化不明显，如1987年7月分析结果，泉水矿化度为0.705 g/L，1997年7月分析结果，泉水矿化度为0.700 g/L，2003年多次分析结果，矿化度分别是0.64 g/L、0.633 g/L、0.583 g/L。综合分析多年的月牙泉水质监测结果，可得出，月牙泉水质矿化度在0.58～0.70 g/L之间，水化学类型为HCO_3-SO_4-Cl-Mg-Na型水，泉水pH值7.88，硬度330 mg/L（$CaCO_3$计），属于淡水和硬水类型。泉域外围地下水质的分布特征是西部好，东部差；南边好，北边差；上游好，下游差。这与敦煌盆地地下水补给、径流、排泄条件及其区域水化学特征是基本吻合的。

3.5 月牙泉水环境变化

据记载，月牙泉在1800年前就已成为敦煌的名胜，泉水位一直相对稳定，没有水位下降的记录，就是在严重干旱的年份，月牙泉也没有出现萎缩现象。根据1949年拍摄的月牙泉照片及当时的地形、地物标志分析，选择原物点进行测量，可推算当年月牙泉水位标高在1143.0～1144.0 m之间。这些历史资料表明，月牙泉在20世纪60年代以前，水环境没有受人为活动的干扰，月牙泉（图3-4）与鸣沙山一直保持着它的自然景观风貌。

随着敦煌市人口的增加和社会经济的发展，人们开始打井开采地下水资源，机井数量和地下水开采量逐年增加。1971—1987年，敦煌市共打机井400多眼，地下水开采量约1000×10^4 m^3/a，这样的开采量虽然对地下水天然状态产生了明显影响，但并未超出地下水的补给量，区域地下水位仍然相对稳定，敦煌绿洲区域的地下水位埋深仍然保持在 $1 \sim 8$ m 之间。到 2000 年，敦煌市机井数剧增到了 1200 眼，地下水开采量达到 4123.75×10^4 m³/a，地下水的开采量超过了它的有效补给量，补给与排泄之间的平衡遭到破坏。与此同时，敦煌市大搞水利建设，于 1975 年在党河沙枣园河段修建了水库，河水被全部截流入库调蓄，引入灌溉渠系供给农林灌溉，下游河床在大部分时间是干涸的，只有暴雨期间和水库排沙期间有暂时性水流。

图 3-4　1949 年月牙泉景观（选自敦煌市志）

党河水库的修建彻底改变了原来天然河道渗漏对地下水的补给，使天然补给量大幅度减少，加之引水灌溉的渠道也全部采用混凝土预制块衬砌，防渗效果好，渠系渗漏补给地下水的量显著减少。总而言之，人工打井对地下水的超量开采和水利建设导致渗漏补给量的减少，两者的叠加造成了地下水均衡严重破坏，导致敦煌盆地区域地下水位连续大幅度下降。

　　月牙泉水环境是敦煌盆地地下水的组成部分，是盆地南部地下水的自然露头，它与盆地地下水同属于一个体系，具有统一的水面。因此，随着敦煌盆地地下水位的下降，月牙泉水位也发生降落，湖面发生萎缩，水环境逐渐退化。20世纪80年代和90年代，是敦煌地下水大幅度下降的时段，也是月牙泉水位发生大幅度下降和严重萎缩时段，甚至在1999年出现了泉湖底部露出水面的现象（图3-5）。

　　据实地调查观测，2000年前后月牙泉水位标高1133.8 m，与1949年月牙泉水位标高在1143.0～1144.0 m相比较，水位相差9.2～10.2 m。说明月牙泉自1949—2000年间，水位总降幅达9.2～10.2 m。从1960—2001年间，月牙泉水域面积也发生了显著变化，由14480 m²萎缩到5260 m²（表3-1）。可见，月牙泉水环境退化相当严重。

图3-5　1999年4月10日月牙泉濒临干涸的景况

表 3-1　月牙泉水深变化和面积萎缩情况表

项目	1960年	1980年	1982年	1997年	2001年
北弧长度/m	360.0	330.0	270.0	240.0	220.0
南弧长度/m	350.0	320.0	260.0	223.0	205.0
最大宽度/m	50.0	41.0	40.0	33.3	30.0
最大水深/m	7.5	2.5	2.3	1.58	1.2
湖水面积/m²	14480	6540	5830	5379.50	5260.0

　　由于月牙泉与敦煌盆地地下水属于同一水文体系，因此，造成月牙泉水位下降和水环境退化的直接原因就是区域性地下水位的下降。而造成敦煌盆地区域性地下水位下降的原因，一是无计划的盲目打井、大幅度地超量开采地下水，二是党河水库建设造成下游河床干涸，地下水自然补给量减少。

3.6　月牙泉水环境保护

　　月牙泉水位下降和水域面积的严重萎缩，反映了敦煌盆地生态环境在日趋恶化。如果任其发展，不仅使著名的月牙泉自然景观难以保存，还会威胁当地人民的生存和发展。为此，遏止月牙泉水环境退化，恢复月牙泉的水位，保护自然遗迹和独特的风景名胜，直接关系到敦煌地区社会、经济的稳定与环境的协调发展。

3.6.1　已开展的保护措施

为遏止月牙泉水环境退化，恢复月牙泉的水位，保护自然遗迹和独特的风景名胜，敦煌市政府从20世纪80年代后期就开始积极寻找办法，采取措施保护月牙泉。

3.6.1.1　人工掏泉

人工掏泉工程于1986年10月5日开工，1987年4月15日完成。工程投资35.3万元，共完成月牙泉清淤挖沙工程量42790 m³。月牙泉底部下挖深度约3 m。从清理出的物质成分来看，泉水下部除淤泥质成分，地层结构与周边完全相同，由细砂层、中粗砂互层组成。

采用人工掏泉工程措施，说明人们已经认识到月牙泉就是当地地下水的露头，面对地下水位下降、泉水濒临干涸的境地，只能被动地再把它挖深一些，就像历代人们挖井一样。掏泉工程只能使月牙泉底部加深，仅仅起到了清淤作用，并没有使月牙泉水面上升。也就是说人工掏泉工程不可能解决泉水环境退化问题，不可能取得恢复月牙泉原有景观风貌的效果。

3.6.1.2　引水注水

1987年，在通往月牙泉的沙山开阔地段，也就是月牙泉东北出口段的小泉湾，修筑了人工湖（图3-6），这既是为了增加旅游观赏景点，也是保护月牙泉的需要。人工湖设计面积为 1.26×10^4 m²，设计水深4.2 m，储水容积 5.29×10^4 m³，周边为水泥浆砌块石重力挡墙，底部及周边做防渗处理。该项工程于

1987年5月3日开工，当年8月10日完成。8月26日上午开始引党河水向人工湖注水，历时109 h，于8月30日注水达到设计水位。

图3-6　月牙泉景区的小泉湾人工湖

　　1987—1992年期间，为保持和提升月牙泉水位，实施了通过小泉湾人工湖向月牙泉（图3-7）注水的工程措施。注入水源虽然通过人工湖得到了澄清，但没有改变地表河流水的属性，水中仍然含有以腐殖质为主的有机成分，注入月牙泉后水中的有机质进一步腐化，使得月牙泉水质变得浑浊且产生臭味。工程实践证明引党河水注入月牙泉不但不能遏制其萎缩的态势，而且使水质恶化。究其原因，主要是自然状态下月牙泉

清澈、甘甜的水质，是由于泉水通过地层渗流过滤，除去了悬浮物、腐殖质等有机成分，地下水在泉湖西南侧渗出、缓慢流动，又在泉湖东北侧渗入地下，它与区域地下水同步运动，具有统一的动态变化规律。因此，人为引河流水直接注入月牙泉，其水的化学成分与地下水水质格格不入，破坏了自然状态下泉水渗流和动态变化规律。所以该措施只能以失败告终。

图3-7　月牙泉、小泉湾全景（2001年9月摄）

3.6.1.3　渗水工程

在总结上述两项治理月牙泉水位下降工程经验的基础上，通过专业人员几年时间详细的勘察论证，2006—2007年，就恢复月牙泉水位实施了渗水应急治理工程措施。这项工程方案的基本思路是利用人工措施，将地表水转化为地下水来增加月牙泉的补给量，从而达到提高月牙泉局部区域地下水位的目的。

人工回灌补给月牙泉地下水的治理方案，主要由水源、输水渠和输水管线、沉淀池、蓄水池、渗水池、渗水井、渗水暗渠几部分组成。春、夏、秋季水源取自党河水库，冬季水源取自党河河谷的地下水，利用已有的党河输水总干渠和东干渠，在上永丰口子设置取水闸、沉淀池，蓄水池，沿鸣沙山边缘铺设输水管道，将水引至月牙泉西 1.0 km 处的渗水池，同时也用管道将水源引入月牙泉北 600 m 处和东 150 m 处的渗水井、渗水暗渠补给地下水。

渗水工程的水源保持与月牙泉水的自然补给来源一样，取自党河水。在不改变月牙泉及周边沙丘地貌景观的前提下，按照泉水自然溢出的水文地质条件，通过砂土地层渗透来补给月牙泉，这样既保持了月牙泉的自然属性，又过滤净化了补给水源，保证了月牙泉原有的水质不发生变化。实践证明，渗水工程措施具有良好的效果（图 3-8），能够保障月牙泉水深稳定在 1.0 m 左右。

图3-8　人工渗水补给后月牙泉景观(2008年8月摄)

3.6.2　持续性保护措施

尽管人工渗水工程对防治月牙泉水位下降起到了预期效果，但是，要清醒地认识到这项工程仅仅起到了应急作用，是付出不小的成本来抬高月牙泉景区地下水水位的措施，是一项治标不治本的人工措施。从长远来讲，要从根本上防治月牙泉水位下降的问题，就要从恢复泉水原有的自然属性入手，就必须严格控制敦煌盆地地下水的开采，使区域地下水开采量小于其补给量，有效维护敦煌盆地地下水的动态平衡。只有这样才能使敦煌盆地地下水位得到回升，使月牙泉水位得到恢复。也就是说，全面恢复或抬高敦煌盆地地下水位，维护地下水动态平衡，才是治理月牙泉水位下降的根本途径，才是促进当地生态环境良性循环、保证社会经济持续发展的必然选择。要实现这一长治久安的目标，需要从技术和管理上严格采取以下具体措施。

3.6.2.1 严格控制地下水的开采量,恢复地下水动态平衡

由于月牙泉是敦煌盆地地下水的自然露头，其水位随区域地下水位的变化而变化，过去的40年，人为超负荷地开采地下水资源，破坏了地下水的自然属性和动态平衡，造成区域地下水位累计下降了9～11 m，月牙泉水位也累计降低了相同的幅度。因此，要恢复月牙泉水位，最根本的是严格控制地下水开采，恢复地下水原来的动态平衡。要以法律的形式规定在月牙泉周围至少5 km区域内禁止地下水开采，要坚决关闭一批开采井，将整个敦煌盆地地下水允许开采总量降低到有效补给量以下，以确保地下水位逐年上升，逐步恢复到保证月牙泉自然水位的水平。

3.6.2.2 推广节水灌溉技术和控制灌溉面积,减少农业用水量

要减少地下水开采量，首先要降低用水量，敦煌的农业灌溉用水量占总用水量的90%，因此，减少用水量的潜力在发展农田节水灌溉技术，同时控制灌溉面积。目前敦煌农业灌溉普遍使用传统的大水漫灌方法，灌溉定额一般在6000 $m^3/hm^2 \cdot a$（400 $m^3/$亩·a），如果在同样的灌溉面积上实施沟灌、滴灌、管灌等节水灌溉方法，则可以使现有灌溉用水量减少30%左右。这样就能够真正做到减少地下水开采量，使地下水位得到回升，月牙泉水位得到恢复。

3.6.2.3 控制人口增量,减少资源消耗量

人是自然资源的利用者，也是自然资源的消耗者。从古到

今，社会对自然资源的利用和消耗随着人口的增长而增加。自新中国建立的半个世纪中，敦煌市的人口从 $3.78×10^4$ 增长到 $16.09×10^4$，甚至增加到 $20×10^4$；耕地和其他灌溉面积也从 $9920\ hm^2$ 增加到 $19600\ hm^2$；地下水的开采量从几万立方米增加到了 1987 年的 $1000×10^4\ m^3$，甚至增加到了 2003 年以后的 $5428.53×10^4\ m^3$，已经超过了地下水的承受能力，因此造成地下水位大幅度下降，使月牙泉处于濒临枯竭的地步。因此，从长远来看，根据环境的承载力和科学技术发展的水平，控制人口增长，控制灌溉面积，是减少水资源消耗、维护生态平衡、维护月牙泉持久稳定的根本对策。

3.6.2.4　调整产业结构，发展特色产业

敦煌是一座被戈壁沙漠包围的绿洲城市，它拥有莫高窟为代表的石窟文化遗产和以月牙泉为代表的独特的自然景观，因此，敦煌具有明显旅游资源优势，旅游业已经成为本地区的支柱产业和特色产业。尽管敦煌种植棉花、小麦等农作物的条件也比较好，农业产值仍占有重要的地位，但按单位水资源的产出统计，农业的产出效率处于一种较低的水平。显然，水资源严重缺乏已对生态平衡造成严重破坏的敦煌来说，调整产业用水结构，减少农业用水，积极扶持低耗水、高产出的旅游产业，既是恢复生态平衡、恢复月牙泉水位的有效措施，又是敦煌市社会经济持续发展的战略部署。

3.6.2.5　进行跨流域调水可行性研究，增加水资源总量

敦煌是水资源极为紧缺的地区，有限的水资源既是目前社

会经济发展的支撑，也是限制社会经济进一步发展的重要因素。月牙泉面临枯竭的局面虽然是人为所致，但根本问题是水资源供不应求。因此，研究从敦煌盆地之外水资源相对丰富的地区跨流域调水来缓解水资源十分紧缺的局势，是恢复敦煌盆地生态平衡，稳定月牙泉水位，保障旅游业持续发展，保障社会经济持续发展可选择的途径。

参考文献

[1] 甘肃省地矿局第二水文地质工程地质队.甘肃省西部地区地下水资源评价报告（1：10万）［R］.1983.

［2］甘肃省地质矿产局.区域地质调查报告（敦煌幅1：20万）［R］.1974.

［3］敦煌研究院.敦煌研究文集（石窟保护篇上、下）［M］.甘肃民族出版社，1993.

［4］郭宏，李最雄.敦煌莫高窟壁画酥碱病害机理研究［J］.敦煌研究，1998，16（4）：159—172.

［5］张明泉，张虎元，曾正中，等.敦煌莫高窟壁画酥碱产生机理［J］.兰州大学学报，1995，31（1）：98-101.

［6］张明泉，赵转军，曾正中，等.敦煌盆地水环境特征与水资源可持续利用［J］.干旱区资源与环境，2003，17（4）：71-76.

［7］张明泉，曾正中，蔡红霞，等.敦煌月牙泉水环境退化与防治对策［J］.兰州大学学报，2004，40（3）：99-102.

［8］张明泉，王亚芹，土旭东，等.敦煌大泉河径流量24小时变化规律分析［J］.水文，2009，29（4）：83-86.

［9］敦煌市志编纂委员会.敦煌市志［M］.北京：新华出版

社，1994.

［10］孙然好，潘保田，牛最荣，等.河西走廊近五十年来地表水资源时间序列的小波分析［J］.干旱区地理，2005，28（4）：455-459.

［11］刘恒，中华平，顾颖.西北干旱内陆河区水资源利用与绿洲演变规律研究［J］.水科学进展，2001，9（3）：378-384.

后 记

自1990年敦煌研究院与兰州大学协作开展不可移动文物保护及文物环境保护以来，我们逐渐清醒地认识到文化遗址的保存与它所处的环境息息相关，尤其是水环境状况对遗址的建设、发展和保存起着至关重要的作用。如莫高窟历经1600多年能够保存至今，主要得益于干旱缺水的自然环境、稳定的地质环境、偏僻的社会环境。仅仅根据一个地区水的多少，就可以分出干旱环境区和潮湿环境区，众多的土遗址文化遗产只能在干旱半干旱区得到长期保存，而在多水的潮湿地区能够长期保存的主要是石质文化遗址。可见，研究总结自然文化遗产景区的水环境，对其长期保存、分类管理、生态文明建设具有重要作用。

本书内容主要来自兰州大学与敦煌研究院联合开展的研究项目，提炼总结了所开展项目现场调查获得的数据资料和研究成果。主要研究项目包括：①敦煌莫高窟地区环境演化与石窟保护研究；②敦煌莫高窟大泉河水资源评价与合理开发利用；③敦煌莫高窟水环境现状与远景供水方案研究；④敦煌莫高窟风险监测与评估关键技术研究（2013BAK01B01）；⑤榆林窟防水勘察与初步设计；⑥榆林窟环境整治方案；⑦敦煌月牙泉水位下降应急治理工程环境影响评价。参加项目调研的人员主要有敦煌研究院保护研究所的汪万福、宋子贞、李红寿、张国彬、杜建君、张正模、杨善龙、詹鸿涛、邱飞、李睿等；月牙泉管理处的范存、马晓光；兰州大学资源环境学院的赵转军、蔡红霞、刘琴、桑学锋、贾宁、金玲、吴凯凌、赵莎莎、冯涛、王石斌、纪淑娜、王亚芹、唐铭、杨琪越等。尽管本书作者是项目负责人，自始至终带领团队完成了研发任务，但成果属于研究团队的全体成员。

在本书出版之际，首先，要感谢敦煌研究院为联合研究项目的开展在资金上、协调组织上提供的支持和帮助，特别要感谢敦煌研究院保护所的领导和全体老师为研究项目实施做出的努力。其次，要感谢全程参加以上研究项目的老师和半程参加项目的技术人员及研究生；同时还要感谢兰州大学出版社副总编魏春玲和责任编辑佟玉梅的大力支持，正是有了各位编辑老师的大力协助，本书才得以顺利出版，谨在此一并致以崇高的敬意和衷心的感谢。

由于文化遗址、自然遗址与水环境的关系研究涉及多领域、多学科的理论知识，加上作者专业认知水平有限，书中难免存在缺陷和疏漏之处，我们恳请读者予以赐教斧正，也希望各界同仁对本书内容做进一步的完善。

作者

2020年3月